高职高专“十三五”规划教材

机电设备管理

喻训谦　何瑛　主编

北京
冶金工业出版社
2019

内容提要

本书阐述了机电设备全过程管理，包括设备选型、购置、安装调试、试生产阶段的前期管理；技术管理；生产现场的使用、维护管理；维修管理；安全管理等内容。本书力求学生学会机电设备管理的基本流程，懂得对机电设备进行安全管理，为生产安全、设备安全、人身安全提供保障。

本书可供机电设备管理专业以及相关专业的高职高专院校师生使用，也可供机电设备工程技术人员参考。

图书在版编目(CIP)数据

机电设备管理/喻训谦，何瑛主编. —北京：冶金工业出版社，2017.8（2019.7重印）
高职高专“十三五”规划教材
ISBN 978-7-5024-7571-0

Ⅰ.①机… Ⅱ.①喻… ②何… Ⅲ.①机电设备—设备管理—高等职业教育—教材 Ⅳ.①TM

中国版本图书馆CIP数据核字(2017)第200743号

出 版 人 谭学余
地　　址 北京市东城区嵩祝院北巷39号 邮编 100009 电话 (010)64027926
网　　址 www.cnmip.com.cn 电子信箱 yjcbs@cnmip.com.cn
责任编辑 杨盈园 美术编辑 彭子赫 版式设计 孙跃红
责任校对 禹 蕊 责任印制 牛晓波
ISBN 978-7-5024-7571-0
冶金工业出版社出版发行；各地新华书店经销；三河市双峰印刷装订有限公司印刷
2017年8月第1版，2019年7月第2次印刷
787mm×1092mm 1/16；7印张；168千字；105页
26.00元

冶金工业出版社 投稿电话 (010)64027932 投稿信箱 tougao@cnmip.com.cn
冶金工业出版社营销中心 电话 (010)64044283 传真 (010)64027893
冶金工业出版社天猫旗舰店 yjgycbs.tmall.com
（本书如有印装质量问题，本社营销中心负责退换）

前言

近年来，机械行业在我国发展较快，各大院校为了适应发展需要，加大了机械行业人才，特别是机电设备管理人才的培养力度，开设了机电设备管理相关课程。

机电设备管理是机械工程类各专业的主干课程之一，是企业管理的重要组成部分，对于企业的安全生产、经济效益和环境保护等具有特别重要的意义，直接影响企业的生产经营和产品质量，影响企业的生存和发展。

本书作为高等职业院校教材，针对高等职业技术教育的特点，以培养学生机电设备管理技术技能为目标，从选材到内容结构的安排上力求简明、实用、系统、全面，使学生熟悉机电设备管理全过程，掌握机电设备管理的方法和工具，为生产稳定、设备安全、人身安全提供保障。

全书共分六章，系统的阐述了机电设备全过程管理，包括设备选型、购置、安装调试、试生产阶段的前期管理；技术管理：生产现场的使用、维护管理；维修管理；安全管理等内容。书中所涉及的技术规程规范要求及范例等企业标准可能不适用于所有行业的设备管理工作，只是一般通常内容，但涉及的国家标准、行业标准、法律法规，在设备管理工作中必须执行。

本书由湖南理工职业技术学院喻训谦、何瑛主编。在编写本书过程中得到了编者所在单位的大力支持，并且参考了一些学者编写的教材、文献、著作等内容，在此向这些著作者表示衷心感谢。

由于编者水平有限，经验不足，书中若有不妥之处，恳请读者予以批评指正，以便今后进一步修订。

作　者

2017年3月

目　录

第一章　机电设备管理概述

第一节　设备及其组成

一、设备的定义

通常认为，设备是人们在生产或生活上所需的机械、装置和设施等可供长期使用并在使用中基本保持原有实物形态的物质资料。

在企业里,设备是为保证企业正常生产所配置的技术装备、仪器、仪表、试验、检测、控制设施等的总称。设备是企业进行生产的主要物质基础,也是企业的固定资产之一。随着生产技术的发展,企业生产设备的种类日益繁多,并且不同的企业也有不同的设备。

企业设备管理工作中所指的设备是指符合固定资产条件、单位价值较高且能独立完成至少一道生产工序或提供某种效能的机器、设施以及维持这些机器、设施正常运转的附属装置。

二、设备的组成

机器设备是由动力部分、传动部分、工作部分及控制部分组成。

（一）动力部分

机器设备的动力部分是驱动机器运转的动力。常见的动力设备有电动机、内燃机、汽轮机、风力机及在特殊情况下应用的联合动力装置，机器设备依靠这些动力装置来驱动机器运动做功。

电动机是将电能转化为机械能的动力装置，电动机可分为交流电动机和直流电动机两种。

内燃机是指燃料直接在发动机汽缸内部燃烧所产生的热能转化为机械能的动力机械。

（二）传动部分

机器设备一般是通过传动部件将动力装置的动力和运动传给机械的工作部分，所以机器的传动部分是位于动力部分和工作部分之间的中间装置。传动装置是机器的重要组成部分之一，它在一定程度上决定了机器的工作性能、外形尺寸和重量，也是选型、维护、管理的关键部分。

（三）工作部分

工作部分是使加工对象发生性能、状态、几何形状和地理位置等变化的那部分机械。

如车床的刀架、车辆的车厢、飞机的客舱与货舱等。工作部分是机器设备直接进行生产的部分，是一台机器的用途、性能综合体现的部分，也是体现一台机器的技术能力和水平的部位。它标志着各种机器的不同特性，是机器设备主要区分和分类的依据。

（四）控制部分

控制部分是为了提高产量、质量、减轻人们的劳动强度，节省人力、物力等而设置的那些控制装置。

控制装置就是由控制器和被控对象组成的。不同控制器组成的系统也不一样：由手动操纵代替控制器的手动控制系统，由机械装置作为控制器组成的机械控制系统，由气压、液压装置做控制器的气动、液压控制系统，由电子装置或计算机作为控制器的电子或计算机控制系统等。

第二节 设备管理的任务和内容

设备管理，是指以设备为研究对象，追求设备综合效率与寿命周期费用的经济性，应用一系列理论、方法，通过一系列技术、经济、组织措施，对设备的物质运动和价值运动进行全过程（从规划、设计、制造、选型、购置、安装、使用、维修、改造、报废直至更新）的科学管理。

设备管理的基本任务和内容包括两个方面：一是设备的技术管理，包括：选型购置管理、安装调试管理、运行管理、维修维护管理，目的是使设备的技术状况最佳化，确保设备在定修周期内无故障运行。二是设备的经济管理，目的是使设备运行经济效益最大化。

第三节 设备管理的原则

坚持设计、制造与使用相结合，维护与计划检修相结合，修理、改造与更新相结合，技术管理与经济管理相结合，专业管理与群众管理相结合。

（1）设计、制造与使用相结合。指设备制造单位在设计指导思想上和生产过程中，必须充分考虑寿命周期内设备的可靠性、维修性、经济性等指标，最大限度地满足用户的要求。设备使用单位正确地使用设备，在使用过程中，及时向设备的设计、制造单位反馈信息。

（2）维护与计划检修相结合。这是贯彻“预防为主”的方针，保证设备持续安全经济运行的重要措施。

（3）修理、改造与更新相结合。这是提高企业技术装备素质的有效措施。修理是必要的，但不能一味地追求修理，它阻碍技术进步，经济上也不合算。企业必须依靠技术进步，改造更新旧设备，以技术经济分析为手段，进行设备大修、改造、更新的合理决策。

（4）技术管理与经济管理相结合。技术管理，包括对设备的设计、制造、规划选型、维护修理、更新改造等技术活动的管理，确保设备技术状态完好和装备水平不断提高。经济管理是指对设备投资费、维持费、折旧费的管理，以及设备的资产经营、优化配置和有效营运，确保资产的保值增值。

（5）专业管理与群众管理相结合。要求建立从企业领导到一线工人全员参与的设备管理体制，实行专群结合的全员管理。全员管理有利于设备管理的各项工作的广泛开展，专业管理有利于深层次的研究，两者结合有利于实现设备综合管理。

思考题

1-1 企业设备管理工作中所指的设备是什么？

1-2 什么是设备管理？

第二章　设备前期管理

设备前期管理是指从制定设备规划方案起到设备投产这一阶段全部活动的管理工作，包括设备的规划决策、外购设备的选型采购和自制设备的设计制造、设备的安装调试、设备使用的初期管理4个环节。其主要内容包括．设备规划方案的调研、制定、论证和决策；设备货源调查及市场情报的搜集、整理与分析；设备投资计划及费用预算的编制与实施程序的确定；自制设备的设计方案的选择和制造；外购设备的选型、订货及合同管理；设备的开箱检查、安装、调试运转、验收与投产使用；设备初期使用的分析；评价和信息反馈等。做好设备的前期管理工作，为进行设备投产后的使用、维修、更新改造等管理工作奠定基础创造条件。

第一节　设备选型与购置

一、制定设备规划

企业设备规划即设备投资规划，是企业中、长期生产经营发展规划的重要组成部分。

制定和执行设备规划对企业新技术、新工艺的应用，产品质量提高，扩大再生产，设备更新计划以及其他技术措施的实施，起着促进和保证作用。因此，设备规划的制定必须首先由生产或使用部门、设备管理部门和工艺部门等在全面执行企业生产经营目标的前提下，提出本部门对新增设备或技术改造实施意见草案，报送企业规划或计划部门，由其汇总并形成企业设备规划草案，经组织财务、物资、生产、设备和经营等职能部门讨论、修改整理后，送企业领导审查批准即为正式设备规划，并下达至各有关业务部门执行。

（一）制订设备规划的目的和依据

1. 目的

提高企业产品生产的效率，满足企业产品质量提升的要求，确保企业生产经营目标和利润目标的实现。

2. 依据

（1）企业中长期战略发展规划；

（2）企业产品的市场占有情况；

（3）企业现有设备的产能分析；

（4）可使用的设备投资资金及安全环保性等。

（二）设备规划必要性分析

1. 现有设备能力无法实现企业经营目标和发展规划

根据企业经营策略、新产品的开发计划，围绕提高质量、产品更新换代、增加品种、改进包装、改进加工工艺以及提高效率、降低成本等要求提出必需更新设备。

2. 现有设备需要改造、更新

现有生产设备技术状况劣化，无修复价值；或者平均故障率上升，设备的维护维修成本增高；或者虽仍可利用，但设备无形磨损严重，造成产品质量低，成本高，品种单一，失去市场竞争力，应加以更新。

为了提高产品质量，增强产品市场竞争能力，有必要对现有设备进行改造、更新。

3. 其他方面

（1）能源节约要求分析；

（2）环境保护和安全生产要求分析；

（3）劳动条件改善要求分析。

（三）设备规划可行性分析

（1）工厂财务状况分析；

（2）工厂现有专业技术人员和技术工人分析；

（3）工厂生产现场条件和生产环境要求分析；

（4）其他条件分析。

（四）设备规划具体内容

（1）设备名称、型号、数量和性能要求；

（2）设备参数和工艺技术要求；

（3）设备拟到位的日期和期限；

（4）设备拟投资的金额和资金来源；

（5）设备生产效率、技术水平、能源消耗指标、安全环保条件等；

（6）设备投入使用后的预期效益；

（7）设备投资的成本回收期、销售收入及预测投资效果；

（8）设备管理体制、人员结构和辅助设施的具体要求。

二、设备选型

（一）设备选型的基本原则

设备选型即是从多种可以满足相同需要的不同型号、规格的设备中，经过技术经济的分析评价，选择最佳方案以作出购买决策。合理选择设备，可使有限的资金发挥最大的经济效益。

设备选型应遵循的原则如下：

（1）生产上适用：所选购的设备应与本企业扩大生产规模或开发新产品等需求相适应。

（2）技术上先进：在满足生产需要的前提下，要求其性能指标保持先进水平，以利提高产品质量和延长其技术寿命。

（3）经济上合理：即要求设备价格合理，在使用过程中能耗、维护费用低，并且回收期较短。

设备选型首先应考虑的是生产上适用，只有生产上适用的设备才能发挥其投资效果；其次是技术上先进，技术上先进必须以生产适用为前提，以获得最大经济效益为目的；最后，把生产上适用、技术上先进与经济上合理统一起来。一般情况下，技术先进与经济合理是统一的。因为技术上先进的设备不仅具有高的生产效率，而且生产的产品也是高质量的。但是，有时两者也是矛盾的。例如，某台设备效率较高，但可能能源消耗量很大，或者设备的零部件磨损很快，所以，根据总的经济效益来衡量就不一定适宜。有些设备技术上很先进，自动化程度很高，适合于大批量连续生产，但在生产批量不大的情况下使用，往往负荷不足，不能充分发挥设备的能力，而且这类设备通常价格很高，维修费用大，从总的经济效益来看是不合算的，因而也是不可取的。

（二）设备选型考虑的主要因素

1. 生产率

设备的生产率一般用设备单位时间（分、时、班、年）的产品产量来表示。例如，锅炉的生产率以每小时蒸发蒸汽吨数表示；空压机的生产率以每小时输出压缩空气的体积和压力表示；制冷设备的生产率以每小时的制冷量表示；发动机的生产率以功率表示；水泵的生产率以扬程和流量来表示。

但有些设备无法直接估计产量，则可用主要参数来衡量，如车床的中心高、主轴转速，压力机的最大压力等。

设备生产率要与企业的经营方针、工厂的规划、生产计划，运输能力、技术力量、劳动力、动力和原材料供应等相适应，不能盲目要求生产率越高越好，否则生产不平衡，服务供应工作跟不上，不仅不能发挥全部效果反而造成损失，因为生产率高的设备，一般自动化程度高、投资多、能耗大、维护复杂，如不能达到设计产量，单位产品的平均成本就会增加。

2. 工艺性

机器设备选型的最基本的要求是要符合产品工艺的技术要求，把设备满足生产工艺要求的能力称为工艺性。例如：金属切削机床应能保证所加工零件的尺寸精度、几何形状精度和表面质量的要求；需要坐标镗床的场合很难用铣床代替；加热设备要满足产品工艺的最高和最低温度要求、温度均匀性和温度控制精度等。除上面基本要求外，设备操作控制的要求也很重要，一般要求设备操作轻便，控制灵活。产量大的设备自动化程度应高，进行有害有毒作业的设备则要求能自动控制或远距离监督控制等。

3. 可靠性

机器设备，不仅要求其有合适的生产率和满意的工艺特性，而且要求其不发生故障，这样就产生了可靠性概念。

可靠性只能在工作条件和工作时间相同的情况下才能进行比较，所以其定义是：系统、设备、零件、部件在规定的时间内，在规定的条件下完成规定功能的能力。

定量测量可靠性的标准是可靠度。可靠度是指系统、设备、零件、部件在规定的条件下，在规定的时间内能毫无故障地完成规定功能的概率，它是时间的函数。用概率表示抽象的可靠度以后，设备可靠性的测量、管理、控制、保证才有计量的尺度。

要认识到设备故障可能带来的重大经济损失和人身事故，尤其在设备趋向大型化、高速化、自动化、连续化的情况下，故障造成的后果将更为严重。

选择设备可靠性时，要求设备平均故障间隔期越长越好，可以具体地从设备设计选择的安全系数、储备设计（又称为冗余设计，是指对完成规定功能而设计的额外附加的系统或手段，即使其中一部分出现了故障，整台设备也仍能正常工作）、耐环境（日晒、温度、砂尘、腐蚀、振动等）设计、元器件稳定性、故障保护措施、人机因素（不易造成操作差错，发生操作失误时可防止设备发生故障）等方面进行分析。

4. 操作性

设备的操作性属于人机工程学范畴内容，总的要求是方便、可靠、安全，符合人机工程学原理。通常要考虑的主要事项如下：

操作机构及其所设位置应符合劳动保护法规要求，适合一般体型的操作者的要求。

充分考虑操作者生理限度，不能使其在法定的操作时间内承受超过体能限度的操作力、活动节奏、动作速度、耐久力等。例如操作手柄和操作轮的位置及操作力必须合理，脚踏板控制部位和节拍及其操作力必须符合劳动法规规定。

设备及其操作室的设计必须符合有利于减轻劳动者精神疲劳的要求。例如，设备及其控制室内的噪声必须小于规定值；设备控制信号、油漆色调、危险警示等都必须尽可能地符合绝大多数操作者的生理与心理要求。

5. 维修性

人们希望投资购置的设备一旦发生故障后能方便地进行维修，即设备的维修性要好。选择设备时，对设备的维修性可从以下几方面衡量。

设备的技术图纸、资料齐全，便于维修人员了解设备结构，易于拆装、检查；结构设计合理，设备结构的总体布局应符合可达性原则，各零部件和结构应易于接近，便于检查与维修；在符合使用要求的前提下，设备的结构应力求简单，需维修的零部件数量越少越好，能迅速更换易损件。

设备尽可能采用标准零部件和元器件，容易被拆成几个独立的部件、装置和组件，并且不需要特殊手段即可装配成整机；结构先进，设备尽量采用参数自动调整、磨损自动补偿和预防措施自动化原理来设计。

具备状态监测与故障诊断能力，可以利用设备上的仪器、仪表、传感器和配套仪器来检测设备有关部位的温度、压力、电压、电流、振动频率、消耗功率、效率、自动检测成品及设备输出参数动态等，以判断设备的技术状态和故障部位；提供特殊工具和仪器、适量的备件或有方便的供应渠道。

此外，要有良好的售后服务质量，维修技术要求尽量符合设备所在区域情况。

6. 安全性

安全性是设备对生产安全的保障性能，即设备应具有必要的安全防护设计与装置，以避免带来人、机事故和经济损失。

在设备选型中，若遇有新投入使用的安全防护性零部件，必须要求其提供实验和使用情况报告等资料。

7. 经济性

选择设备时所讲的经济性所指的范围特别大，若想用一句话对经济性加以定义是非常困难的，但选择设备时的经济性要求主要有：最初投资少，生产效率高，耐久性长，能耗及原材料消耗少，维修和管理费用少，节省劳动力等。

8. 设备的环保与节能

工业、交通运输业和建筑业等行业企业设备的环保性，通常是指其噪声振动和有害物质排放等对周围环境的影响程度。在设备选型时必须要求其噪声、振动频率和有害物排放等控制在国家和地区标准的规定范围内。

设备的能源消耗是指其一次能源或二次能源消耗。通常是以设备单位开动时间的能源消耗量来表示；在化工、冶金和交通运输行业，也有以单位产量的能源消耗量来评价设备的能耗情况。

在选型时，无论哪种类型的企业，其所选购的设备必须要符合国家环保与能源相关政策及法律法规。

（三）设备选型步骤

1. 收集市场信息

通过样本资料、产品目录、技术交流、电视广告、报刊广告、产品展销会以及网上信息等各种渠道，广泛收集所需设备以及设备关键配套件的技术性能资料、销售价格和售后服务资料以及产品销售者的信誉、商业道德等资料。

2. 筛选信息资料

（1）将所收集到的资料按自身的选择要求，进行排队对比，从中选出 3~5 个设备供应商作为候选单位。

（2）对这些企业进行咨询、联系和调查访问，掌握以下信息：设备的技术性能、可靠性、安全性、维修性、技术寿命以及能耗、环保、灵活性等各方面的情况；设备供应商的信誉和服务质量；各用户对产品的反映和评价；货源及供货时间；订货渠道；价格及随机附件等情况。

通过分析比较，从中选择几个合适的机型。

3. 选型决策

（1）向初步选定机型的设备供应商提出具体订货要求。内容包括：订货设备的机型、规格、数量、自动化程度和随机附件的初步意见，要求的交货期以及包装和运输情况。

（2）制造厂按上述订货要求进行工艺分析，提出报价书。内容包括：详细技术规格、设备结构特点说明、供货范围、质量验收标准、价格及交货期、随机备件、技术文件、技术服务等。

（3）接到设备供应商的报价书后，设备部人员需到设备供应商处和同类设备其他用户处进行深入调查，就产品质量、性能、运输安装条件、服务承诺、价格和配套件供应等情况，分别向各供应商和同类设备其他用户仔细询问，并作详细笔录，最后在全面进行技术经济评价的基础上，再选定最终认可的供应商作为第一方案，同时也要制定备用的第二方案和第三方案，以备设备采购过程中发生变化。

（4）对于专用设备和生产线以及价值较高的单台通用设备，一般应采用招标方式，经过评议确定，与中标人签订供货合同。

（5）企业生产副总经理审核第一方案，通过后交总经理审批，审批通过后选型决策生效。

三、设备采购招标

确定了设备的选型方案后，设备管理部门就要协助采购部门进行设备的采购。设备的采购是一个影响设备寿命周期费用的关键控制点，它不仅可以为企业节约采购资金，而且能为获得良好投资效益创造重要的物资技术条件。对于国家规定必须招标的进口机电设备，地方政府、行业主管部门规定必须招标的机电设备以及企业自行规定招标的机电设备，企业必须招标采购。

设备的招标就是企业（招标人）在采购设备时，通过一定的方式，事先公布采购条件和要求，吸引众多能够提供该项设备的制造厂商（投标人）参与竞争，并按规定程序选择交易对象的一种市场交易行为。投标是指投标人接到招标通知后，根据招标通知的要求，在完全了解招标货物的技术规范和要求以及商务条件后，编写投标文件（也称为标书），并将其送交给招标人的行为。可见，招标与投标是一个过程的两个方面，分别代表了采购方和供应方的交易行为。

设备的招标采购形式大体有三种，即竞争性招标、有限竞争性招标和谈判性招标。

招标的执行机构一般可分两类；一类是招标代理机构，另一类是自主招标即采购人自己。招标代理机构是指依法设立从事招标代理业务并提供服务的社会中介组织。招标人有权自行选择招标代理机构，委托其办理招标事宜。而自主招标是指招标人自行办理招标，但必须具备《中华人民共和国招标投标法》规定的两个条件，一是有编制招标文件的能力，二是有组织评标的能力。这两项条件不具备时，必须委托代理机构办理。

设备的招标采购步骤有编制招标文件，发布招标通告，开标与评标。

（一）编制招标文件

首先编制设备采购计划，确定所需采购设备清单，然后编制招标文件。编制招标文件是整个招标过程中的关键环节。作为评定中标人唯一依据的招标文件，应保证招标人开展招标活动目的的实现，应有利于更多的投标人前来投标以供招标人选择。

招标文件要规范、严谨、科学、合理，使投标单位投标报价具有合理性和可比性，以便评标和签订合同，主要包括以下内容：

（1）投标须知。投标须知是招标人对投标人如何投标的指导性文件。包括：

1）招标项目概况，如项目的性质、设备名称、设备数量、附件及运输条件等；

2）交货期、交货地点；

3）提供投标文件的方式、地点和截止时间；

4）开标地点、时间及评标的日程安排；

5）投标人应当提供的有关资格和资信证明文件。

（2）主要合同条款。合同条款应明确将要完成的供货范围、招标人与中标人各自的权利和义务。

（3）技术规范。技术规范或技术要求是招标文件中最重要的内容之一，是指招标设备在技术、质量方面的标准，如一定的大小、轻重、体积、精密度、性能等。招标文件规定的技术规范应采用国际或国内公认、法定标准。

(4) 其他内容。包括采购清单、配套设备及专用工具表、随机备件表以及投标报价表等。

(二) 发布招标通告

在报纸、电视等媒体上刊登招标公告，同时，可直接向外地商家发招标邀请函。

发布公告时应注意给投标人编写投标文件和投标留有足够的时间，一般自发售招标文件之日起至投标截止时间不少于20个工作日，大型设备或成套设备不少于50个工作日。

招标公告的主要内容应包括：招标单位名称，设备名称、数量与主要技术参数，招标文件售价，获取招标文件的时间、地点，投标截止时间和开标时间，以及招标机构的名称、地址与联络方法等。

(三) 开标与评标

1. 开标

开标就是招标人按招标通告或投标邀请函规定的时间、地点将投标人的投标书当众拆开，宣布投标人名称、投标报价、交货期、交货方式活动等的总称。开标应当在招标文件确定的提交投标文件截止时间的同一时间公开进行，开标地点应当为招标文件中预先确定的地点。

如果过了投标截止时间，而投标人少于3个，则应停止开标，并开始准备重新招标。

开标时，必须保证做到开标的公开、公平和公正。在投标人和监督机构代表出席的情况下，当众验明投标文件密封情况并启封投标人提交的标书，随后宣读所有投标文件的有关内容。同时做好开标记录，记录内容包括投标人姓名、制造商、报价方式、投标价、投标声明、投标保证金、交货期等。为了保证开标的公正性，一般可邀请相关单位的代表参加，如招标项目主管部门的人员、评标委员会成员、监察部门代表等。

2. 评标

评标工作由招标人依法组建的评标委员会负责。评标委员由招标人的代表和有关技术、经济等方面的专家组成。

评标程序一般可分为初评与详评两个阶段。初评的内容包括：投标人资格是否符合要求，投标文件是否完整，投标人是否按规定的方式提交投标保证金，投标文件是否基本上符合招标文件的要求等。只有在初评中确定为基本合格的投标书，才可以进入详评阶段。

A　评标标准

评标的标准，一般包括价格标准和价格标准以外的其他有关标准，又称为非价格标准，以及如何运用这些标准来确定中选的投标。非价格标准应尽可能客观和定量化，并按货币额表示，或规定相对的权重（即“系数”或“得分”）。通常来说，在对货物评标时，非价格标准主要有运费和保险费、付款计划、交货期、运营成本、货物的有效性和配套、零配件和服务的供给能力、相关的培训、安全性和环境效益等。在对服务评标时，非价格标准主要有投标人及参与提供服务的人员的资格、经验、信誉、可靠性、专业和管理能力等。

B　评标方法

具体的评标方法取决于招标文件中规定的评标标准，但总的来说，可分为五种方法，即：最低评标价法、综合因素法、寿命周期成本法、寿命周期收益法、投票表决法：

（1）最低评标价法是指按照经评定的最低报价作为唯一依据的评标方法。最低评标价不是指最低报价，它是由成本加利润组成，成本部分不仅是设备、材料、产品本身的价格，还应包括运输、安装、运行维护、售后服务等环节的费用。

（2）综合因素法是指价格加其他因素的一种评标方法。在招标文件中，如果价格不是唯一的评标因素，应把其他因素都列出来，并说明各因素在评标中占的比例，其实质上就是打分法，总分最高的投标为最优标。

（3）寿命周期成本法是指通过计算采购项目有效使用期间的基本成本来确定最优标的一种方法。具体方法是在标书报价上加上一定年限内运行的各种费用，再减去运行一定年限后的残值，寿命周期成本最低的投标为最优标。

（4）寿命周期收益法是对寿命周期成本方法的补充，即除了考虑项目的全寿命周期成本之外，还应估算在正常运行情况下设备的全生命周期效益，用全寿命周期效益减去全寿命周期成本，得到全寿命周期收益，全寿命周期收益最高的投标为最优标。

（5）投票表决法是指在评标时如出现两家以上的供应商的投标都符合要求但又难以确定最优标时所采取的一种评标方法，获得多数票的投标为最优标。

C　评标程序

（1）评标准备。评标准备包括组织准备和业务准备。组织准备就是要选择专家依法组建评标委员会。业务准备主要是由招标机构按招标文件规定的评标方法，提前印制评标专家必须使用的各种有关表格，提供与评标工作有关的文件资料等。

（2）符合性检查。检查投标文件资料是否齐全，包括投标书、投标保证金、法人授权书、资格证明文件、技术文件和投标分项报价表。以上内容缺一不可，只有符合要求的招标文件才能进入下一道评审。

（3）商务评议。评议的内容包括投标人的合格性、投标的有效性、投标的有效期、投标保证金、资格证明文件、经营范围与业绩、交货期、付款条件和方式、质量保证期、适用法律和仲裁条款。

（4）技术评议。

（5）价格评议。

（6）资格后审。按照国际国内招标惯例，应对最低投标价的投标人进行资格后审。

（7）编写评标书面报告、推荐中标候选人。评标报告是评标委员会评标结束后，根据上述评议情况提交给招标人的一份重要文件。在评标报告中，评标委员会不仅要推荐中标候选人，而且要说明这种推荐的具体理由。

评标报告作为招标人定标的重要依据，一般应包括以下内容：对投标人的技术方案评价，技术、经济风险分析；对投标人技术力量、设施条件评价；对满足评标标准的投标人的投标进行排序；需进一步协商的问题及协商应达到的要求。

评标报告需经评标委员会每个成员签名后交招标机构。

招标人根据评标委员会的评标报告，在推荐的中标候选人（一般为 1 ~ 3 人）中最后确定中标人。在某些情况下，招标人也可以直接授权评标委员会直接确定中标人。

中标人确定后，招标人应迅速将中标结果通知中标人及所有未中标的投标人。中标通知书就是向中标的投标人发出的告知其中标的书面通知文件。

四、签订设备采购合同

合同签订的过程是采购单位（招标人）与供应商（中标人）双方相互协商并就各方的权利、义务达成一致的过程。《招标投标法》规定，招标人与中标人应当自中标通知书发出之日起30日内签订合同。合同协议书由招投标双方的法人代表或授权委托的全权代表签署后，即开始生效。

（一）设备采购合同的基本要素

设备采购合同由设备订购方与供应方商定，一般包括以下条款：

（1）采购方与供应方的名称与地址、联系方式、账号、签约代表、一般纳税人号码；

（2）设备的型号、规格和数量；

（3）设备质量技术要求和验收标准；

（4）设备价款及运输、包装、保险等费用及结算方式；

（5）设备交货期、交货地点与交货方式；

（6）违约责任和违约处罚办法；

（7）合同的签订日期和履行有效期；

（8）合同纠纷解决争议的途径和方法。

（二）成套设备、流程设备、大型设备主合同的内容要求

（1）主机、辅机设备名称、型号、规格详细说明；

（2）各项目订货数量；

（3）交货日期、地点、运输方式；

（4）分项目价格、总价格；

（5）付款方式和付款条件；

（6）供货范围：包括主机、标准附件、特殊附件、随机备件；

（7）随机附带的参考技术资料、技术说明书、维修资料、设备图纸、计算机软件及其份数；

（8）卖方提供的技术服务：人员培训、安装调试等；

（9）质量验收标准和验收程序；

验收重要设备应规定分6个环节进行：

1）由买方派员赴生产厂现场监督生产和检验；

2）装箱前的检查；

3）到达目的地（口岸）后的开箱外观检验；

4）无负荷试车验收；

5）负荷试车验收；

6）精度检查验收。

（10）设备保修期限及保修内容，卖方提供的售后技术服务期限及其内容；

（11）卖方在合同签署后一定期限内应提供的设备重量说明及外形尺寸图、基础布置图，以便买方在设备到达之前做好安装准备；

（12）人力不可抗拒的事故及处理方式；

（13）双方违约、争议的仲裁方式。

合同签订后，有关解释、澄清合同内容的来函、电、补充文件也应视为与合同具有同等法律效用。合同签订后，应进行登记存档。

第二节　设备安装调试与验收

一、设备安装的质量控制——设备监理

设备监理是指依法设立的监理单位、监理机构，受项目法人或业主的委托和授权，依据国家行政法规、规章和设备的有关技术标准以及设备监理合同规定的技术、经济要求，综合利用法律、经济、行政和技术手段，针对设备（设备监理的服务范围包括单台大型设备和成套设备）的设计、加工制造、配套设备采购、储运、检验、安装、调试和验收等各个阶段其实施过程的质量、进度和投资实行的监督和管理；对设备的生产者以及安装、调试的参与者的作业过程进行监督、约束和协调；也有的包括对设备原材料、生产工艺、制造进度、产品质量、设备检测、调试、出厂验收、交货等进行全过程监理；甚至可根据项目法人或业主的要求，参与项目前期可行性研究、评估咨询、招标和服务等。

设备监理对象：对国家大中型建设项目、各省、自治区、直辖市大中型建设项目，实施设备监理；对全部由国有资产投资或者由国有资产投资控股的工程项目，重大工程和重点工程项目范围内工程设备的制造和安装调试阶段，必须实行监理。对国家、地方各类基础产业、支柱产业、高新技术产业等大型、骨干项目中的设备工程，企业所需各种大型设备工程，以及对社会公众人身安全有影响的非生产性大型设备实行监理。通过全过程监理、监造，对保证交货进度、产品质量起到重要作用，更能保障工程设备按时、按质达到规定的要求。

设备监理业务内容：

（1）协助项目法人与承包法人签订承包合同；

（2）对设备中标单位进行追踪监督，对于大型、关键设备的制造过程，派人驻厂监督、检查；

（3）对采取非招标方式采购设备的，要制定相应的监管措施；

（4）组织设备运输、开箱验收、仓储等项工作；

（5）检查设备质量、价格、交货等综合指标，对出现的问题要及时处理；

（6）监督设备安装、调试严格按技术规范和施工计划进行，处理有关设备问题；

（7）项目投产运行一年后进行后评估。

设备监理工程师对工程项目必须进行科学的管理，对工程实施严格的控制，以保证工程项目总目标的实现，要做到三项控制：投资、质量、进度控制；二项管理：合同管理、信息管理；一项协调：组织协调。

二、设备验收、安装、调试、试运行及初期管理

设备验收、安装、调试一般步骤如图 2-1 所示。

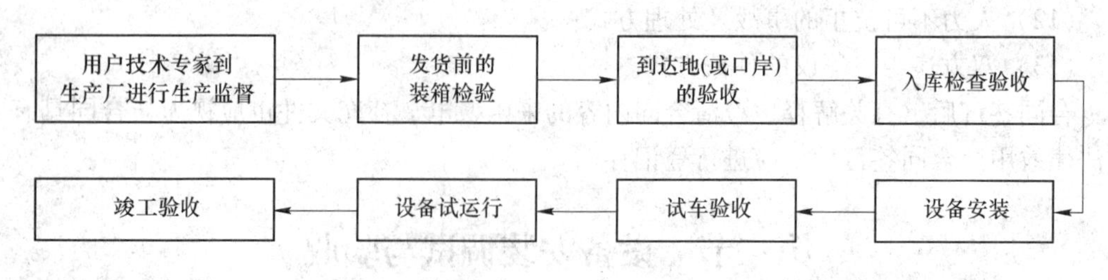

图 2-1 设备验收、安装、调试一般步骤

（一）用户技术专家到生产厂进行生产监督

这实际上包含产品验收的成分，这是对于重要设备应该执行的一个环节。

（二）发货前的装箱检验

用户代表在出产地现场发货前的检验，对于一些重要设备是必要的。用户代表在装箱现场按照设备采购合同及招标文件规定检查装箱项目，发现漏装、错装、包装问题时应及时提醒供应商改正。

（三）到达地（或口岸）的验收

用户代表在到达地（车站、码头），主要检查到货数量和箱体外观是否破损、水浸、腐蚀发霉等，如发现此类情况应及时电告发货公司，并拍照或录像，作为向运输公司或保险公司索赔的依据。

（四）入库检查验收

入库检查验收是指设备到达用户所在地后，按照合同和装箱单开箱、检验、验收及入库操作。

开箱检查的内容是：包装箱、内包装是否损坏；到货设备型号及规格、零件、部件、工具、附件、备件是否与合同相符；零件、部件非组装包装者，是否与装箱单相符；零件外观是否有锈蚀、损坏现象；随机技术文件、图样、软件是否齐全。

国外进口设备开箱检查时，应通知国家商检部门派员参加，如发现质量问题或数量短缺问题，由国家商检部门出证，通过贸易渠道交涉索赔。按照一般惯例，合同规定在货物到达口岸三个月之内，用户可以凭国家商检部门证明，对质量及短缺问题索赔。对必须安装试车后才能发现的问题，可以凭国家商检证明在一年内索赔。因此，用户对进口设备应及时开箱检验，及时安装试车，避免超过规定索赔期限才发现问题。

（五）设备安装

1. 设备基础验收

设备在安装就位前，安装单位应对设备基础进行检验，以保证安装工作的顺利进行。一般是检查基础的外形几何尺寸、位置、混凝土质量等项。对大型设备的基础，应审核土建部门提供预压及沉降观测记录，如无沉降记录时，应进行基础预压，以免设备在安装后出现基础下沉和倾斜。

设备基础检查验收的要求：

（1）所在基础表面的模板、地脚螺栓固定架及露出基础外的钢筋等，必须拆除，地脚螺栓孔内模板、碎料及杂物、积水等，应全部清除干净。

（2）根据设计图纸要求，检查所有预埋件的数量和位置的正确性。

（3）设备基础断面尺寸、位置、标高、平整度和质量，必须符合图纸和规范要求，其偏差不超过规定的允许偏差范围。

（4）检查混凝土的质量，主要检查混凝土的抗压强度，它是反映混凝土能否达到设计强度的主要指标。

（5）设备基础经检验后，对不符合要求的质量问题，应立即进行处理，直至检验合格为止。

2. 设备就位

在设备安装中，正确地找出并划定设备安装的基准线，然后根据基准线将设备安放到正确位置上，统称就位。这个“位置”是指平面的纵、横向位置和标高。设备就位前，应将其底座底面的油污、泥土等赃物，以及地脚螺栓预留孔中的杂物除去，需灌浆处的基础或地坪表面应凿成麻面，被油玷污的混凝土应予凿除，否则，灌浆质量就无法保证。

设备就位时，一方面要根据基础的安装基准线；另一方面还要根据设备本身画出的中心线，即定位基准线。设备就位应平稳，防止摇晃位移；对重心较高的设备，应采取措施预防失稳倾覆。

机械设备安装到基础上，分为有垫铁安装法和无垫铁安装法。

3. 设备调平找正

设备调平找正，主要是使设备通过校正调整达到国家规范所规定的质量标准。

设备调平找正分三个步骤进行，即：

（1）设备的找正。设备找正找平时也需要有相应的基准面和测点。所选择的测点应有足够的代表性（能代表其所在的测面或线），且数量也不宜太多，以保证调整的效率；选择的测点数应保证安装的最小误差。一般情况下，对于刚性较大的设备，测点数可较少；对于易变形的设备，测点应适当增多。

设备找正找平常用的工具：钢丝线、直尺、角尺、塞尺、平尺、平板等。

常用的量具有：百分表、游标卡尺、内径千分尺、外径千分尺、水平仪、准直仪、读数显微镜、水准仪以及其他光学工具等。

（2）设备的初平。设备的初平是在设备就位找正之后，初步将设备的安装水平调整到接近要求的程度。设备的初平常与设备就位结合进行，因为，这时设备还未经彻底清洗，地脚螺栓还没有进行二次灌浆，设备虽已找正，但还未紧固，所以，此时只能进行初平。

初平的基本方法有：在精加工平面上找平；在精加工的立面上找平；轴承座找平；利用样板找平；利用特制水平座找平；旋转找平法等。

（3）设备的精平。设备的精平是对设备进行最后的检查调整。设备的精平调整应该在清洗后的精加工面上进行。精平时，设备的地脚螺栓已灌浆，其混凝土强度不应低于设计强度的70%，地脚螺栓可紧固。

设备的精平方法有：安装水平的检测，垂直度的检测，直线度的检测，平面度的检测，平行度的检测，同轴度的检测，跳动检测，对称度的检测等。

4. 设备的复查与二次灌浆

每台设备在安装定位，找正找平以后，要进行严格的复查工作，使设备的标高、中心和水平及螺栓调整垫铁的紧度完全符合技术要求，并将实测结果记录在质量表格中，如果检查结果完全符合安装技术标准，并经监理单位审查合格，即可进行二次灌浆工作。

设备安装精度的全面复查，主要是检查中心线（包括设备及基础）、标高、安装水平度有关的连接和间隙。

（六）试车验收

一般设备的试车可分为无负荷试车与负荷试车，复杂成套流程设备可分为单体无负荷试车、无负荷联动试车、负荷联动试车等。试车时应做好检查和记录，发现质量问题，及时分析原因。首先应该注意安装不当造成的原因，如果是安装质量造成的原因，要及时调整甚至返工。分析结果确实认为是设备本身设计、制造问题，要及时反馈给生产厂，请其派人到安装现场处理并提出补救措施和索赔；国外进口设备的质量问题还要请国家商检部门派人检查出证，作为索赔依据。

设备的调试一般分为空运转试验、负荷试验及精度试验三种。

（1）空运转试验。空运转试验的目的是为了检验设备安装精度的保持性，设备的稳固可靠性，传动、操纵、控制等系统在运转中状态是否正常。通常试验时间在4小时以上。如在调试过程中出现温度、噪声、动作均匀性等故障，应立即停车检查排除，不能解决的问题应与制造厂联系解决。

（2）负荷试验。主要检验设备在一定负荷下的工作能力，以及各组成系统的工作是否正常、安全、稳定、可靠。试验负荷可按设备公称功率的25%、50%、100%的顺序分阶段进行，也可结合产品进行加工试验，部分设备（如起重设备）还需作超设备公称功率进行试验。

（3）精度试验。一般应在负荷试验后按说明书的规定进行。如机床类进行几何精度、主传动精度及加工精度检查，或对专门规定的检查项目进行检查。

（七）试运行及初期管理

设备使用初期管理是指设备安装试车、经验收之后，到稳定生产期间的管理工作。设备使用初期管理是在设备开始正式生产之前的管理，是交接过程中的管理。这一时期的管理应该明确各部门管理的主次地位。建议这一段时期的管理仍以设备选型订货部门（如设备管理部门）为主，设备安装部门、生产工艺部门、质量检查部门派专人配合。质量检查部门的人员负责设备的安装和产品质量检查；生产、工艺部门的人员负责设备的操作和工夹具准备；设备安装部门的人员对安装质量及时处理，或反馈给本部门派多人集中处理；设备选型和采购部门的人员及时联系生产厂或供应商，解决保修期间出现的设备质量问题。

设备使用初期管理的主要内容包括：检查与记录、分析和排除故障、润滑管理、紧固调整、评价反馈等。

1. 检查与记录

设备安装后投入使用的初期一般具有以下特征：

(1) 紧固不当。设备紧固件上有油脂，尚未有锈蚀，摩擦力较小，使用振动后特别容易松动。

(2) 啮合不良。对于蜗轮、蜗杆、齿轮等啮合机械部分，由于加工尺寸与自然渐开线存在差异，一般初期啮合不够好，使得转动摩擦力增大，甚至出现振动、咬切等情况，需要一段磨合期才能达到自然状态。

(3) 装配精度、平衡、对中不良。由于装配、运输以及开始加工后内应力的释放，使得设备在使用初期出现新的精度、变形、平衡和对中缺陷，需要重新调整、定位、校正以及平衡处理。

(4) 安装精度、水平度不良。由于安装地基、安装质量或时效变形，使得使用初期又出现设备不正、振动等现象，需要对地基加固、调整垫铁厚度等，对设备重新校正定位。

(5) 环境的影响。由于设备环境未达到设备要求而产生的性能、质量等连带问题。环境包括温度、湿度、周围振动条件、冷却水质、风沙、能源质量等各方面，不良的环境会造成设备加工不良、工艺不顺、产品精度不稳、设备管道堵塞、润滑介质泄露、设备负荷波动等问题。

检查记录就是检查和记录初期已经出现的各种缺陷，包括故障、产品质量、生产效率、设备性能及其稳定性和可靠性等问题。

2. 分析和排除故障

检查分析设备缺陷后，要及时排除生产中的小缺陷，边排除、边调整、边做好记录，记录缺陷的部位、次数、原因和排除方法；对可能造成重大问题的故障，要邀请设备供应商和相关专家共同诊断，必要时进行零部件更换或者设备整体更换。

3. 润滑管理

设备运行初期也是机械磨合期，要按照说明书规定要求的负荷和速度使用设备，同时要严格执行定点、定人、定质、定量、定周期的润滑“五定”管理，对设备系统进行清洗、给脂、加油润滑并及时更换冷却介质。

4. 紧固调整

对紧固部件作定期紧固；对配合部件做定期间隙、对中、平衡及位置调整。

5. 评价反馈

对设备问题做及时的分析，对设备性能做客观的评价，按照问题的原因不同反馈给不同部门，并请各部门采取措施予以及时补救。

（八）竣工验收

竣工验收一般在设备试运转后三个月至一年后进行。其中设备大项目工程通常参照国际惯例定为一年。竣工验收是针对试运转的设备效率、性能情况做出评价，由参与验收的有关人员对“设备竣工验收记录”进行确认。如发现设计、制造、安装等缺陷问题需进行索赔。

设备安装验收工作一般由购置设备的部门或企业领导负责，设备、基础施工、安装、质检、使用、财务部门等有关人员参加，达到一定规模的设备工程应由监理部门组织，根据安装工程分阶段检验记录、空运转试车、负荷试车、精度检验记录，参照《机械设备安装工程施工及验收通用规范》及各类设备安装施工及验收规范（如《金属切削机床安装工程施工及验收规范》等）的有关规定和协议要求，共同鉴定并确认合格后，由安装部门填写设备安装竣工验收单，经设备管理部门和使用部门共同签章后即可竣工。

锅炉、压力容器、易燃易爆设备、剧毒生产设备、载人工具、含放射性物质等设备安装合格后，还应请国家指定的有关检查监督部门检查认证后方可办理最终验收手续。

各个阶段的验收工作均应细致、严肃，认真记录，必要时可通过拍照、录像取证。进口设备还应请国家商检部门现场监察。属于安装调整问题，应先安排相关责任部门及时改正。凡属于设备原设计、制造加工质量、包装运输问题，应及时向生产厂、供应商提出补救和索赔。经各个环节的检验，证明设备确实合乎合同要求，则由设备管理部门和生产使用部门正式签字验收。

安装工程验收时，应具备下列资料：竣工图或按实际完成情况注明修改部分的施工图；设计修改的有关文件和签证；主要材料和用于重要部位材料的出厂合格证和检验记录或试验资料；隐蔽工程和管线施工记录；重要浇灌所用混凝土的配合比和强度试验记录；重要焊接工作的焊接试验和检验记录；设备开箱检查及交接记录；安装水平、预调精度和几何精度检验记录；试运转记录。

验收人员要对整个设备安装工程作出鉴定，合格后在各记录单上进行会签并填写设备安装验收移交单，办理移交生产手续及设备转入固定资产手续。

思考题

2-1 设备选型的基本原则是什么？要考虑哪些因素？

2-2 设备规划有哪些内容？

2-3 设备招标文件主要包括哪些内容？

2-4 设备的调试有哪几个项目？

2-5 设备安装工程竣工验收时应具备哪些资料？

第三章　设备技术管理

第一节　设备管理基础资料概述

建立和完善设备管理的基础资料是企业设备管理工作的重要组成部分。

设备管理的基础资料包括：设备管理制度、设备技术规程、设备技术档案、设备统计台账、各种定额、设备报表等。在本节中简单介绍设备管理制度、定额、报表，其余内容在其余章节中详细介绍。

一、设备管理制度

建立健全设备管理规章制度是加强设备管理的重要措施。规章制度是用文字形式对企业各项生产、技术、经济活动和管理工作的要求所作的规定，是企业职工共同遵守的行动规范和准则。企业要组织好生产、技术、经济活动，就必须建立健全各项规章制度。

设备管理制度一般有：设备操作管理制度、设备维护保养制度、设备检修管理制度、设备密封管理制度、设备润滑管理制度、备品配件管理制度、特种设备管理制度、设备防腐蚀管理制度、设备事故管理制度、仪器仪表管理制度等。

二、设备定额

设备管理中的定额有备品配件消耗及储备定额、设备检修工时定额 、润滑油消耗定额、设备检修主材消耗定额等。

三、报表

设备管理中的报表有年、季、月设备检修计划表 、备品配件（年、季、月）计划及汇总表、月份检修计划执行情况报表、年度预防性试验报告等。

第二节　设备技术档案管理

一、设备资产卡片

设备资产卡片是设备资产的凭证，在设备验收移交生产时，设备管理部门和财会部门均应建立单台设备的资产卡片，登记设备编号、基本数据及变动记录，并按使用保管单位的顺序建立设备卡片册。随着设备的调动、调拨、新增和报废，卡片位置可以在卡片册内调整，补充或抽出注销，卡片式样参见例3-1。

例 3-1 设备卡片（正面） 年 月 日

外形尺寸：长 宽 高						重量： 吨	
国 别		制造厂		出厂编号			
主要规格						出厂年月	
						投产年月	
附属装置	名称	型号、规格	数量				
						分类折旧年限	
						修理复杂系数	
						机 电 热	
资产原值		资金来源		资产所有权		报废时净值	
资产编号		设备名称		型 号		精大稀关分类	

设备卡片（背面）

电动机	用途	名称	型式	功率/kW	转速	备注
变动记录						
年 月	调入单位		调出单位		已提折旧	备注

二、设备台账

设备台账是反映企业设备资产状况、反映企业设备拥有量及其变动情况的主要依据。一般有两种编制形式；一种是设备分类编号台账，以《设备统一分类及编号目录》为依据，按类组代号分页，按资产编号顺序排列，可便利新增设备的资产编号和分类分型号的统计；另一种是按设备使用部门顺序排列编制使用单位的设备台账，这种形式有利于生产和设备维修计划管理和进行设备清点。以上两种台账分别汇总，构成企业设备总台账。这两种台账可以采用同一种表式，参见表 3-1 所列的基本内容（不同行业可对表式进行适当调整）。

表 3-1 设备台账 单位： 设备类别：

序号	资产编号	设备名称	型号	精、大、稀、关键	复杂系数			配套电机		总重/t	制造厂（国）	制造年月	验收年月	安装地点	分类折旧年限	设备原值/万元	进口设备合同号	随机附件数	备注
			规格		机	电	热	台	kW	轮廓尺寸	出厂编号	进厂年月	投产年月						

设备台账与设备档案均是实施对设备进行技术管理和经济管理过程中所产生各种信息资料的汇集。设备的档案记录着技术管理过程的主要信息，侧重于技术管理方面；而台账记录反映设备经济价值的变异，侧重于经济管理方面。一旦某设备进入报废，设备档案与设备台账也可同时消亡。

三、设备档案

（一）设备档案的建立

设备档案是指设备从规划、设计、制造、安装、调试、使用、维修、改造、更新直至报废的全过程所形成的图纸、文字说明、凭证和记录等文件资料，通过收集、整理、鉴定等工作归档建立起来的动态系统资料。设备档案是设备制造、使用、修理等项工作各种信息资料的汇集，是设备管理与维修过程中不可缺少的基本资料。

企业设备管理部门应为每台主要生产设备建立设备档案，对精密、大型、重型、稀有、关键、重要的进口设备，以及起重设备、压力容器等设备档案，要重点进行管理。

（二）设备档案的主要内容

1. 设备前期档案资料

设备前期档案资料主要有设备选型和技术经济论证；设备购置合同（副本）；自制（或外委）专用设备设计任务书和鉴定书；检验合格证及有关附件；设备装箱单及设备开箱检验记录；设备易损件清单及零件图；进口设备索赔资料复印件（在发生索赔情况时才有）；设备安装调试记录、精度测试记录和验收移交书；设备初期运行资料及信息反馈资料。

2. 设备后期档案资料

设备后期档案资料主要有设备登记卡片；设备故障维修记录；单台设备故障汇总单；设备事故报告单及有关分析处理资料；定期检查和监测记录；定期维护及检修记录；设备大修理资料、设备改装、设备技术改造资料；设备封存（启封）单；设备报废单以及企业认为应该存入的其他资料。

3. 设备图纸

设备图纸是重要的技术档案，设备图纸管理是主要的基础工作之一。图纸是设备安装、运行、维护、检修、备件加工和设备改造的重要依据。每台生产设备图纸应包括总装配图、部件图和零件图。

设备图纸的归档要求：

（1）总图、装配图、部件图和零件图要统一完整。

（2）原图、底图和蓝图管理明确，避免造成图纸缺失。

（3）对于结构简单，或需自制装配的设备，要有全套图纸。

（4）无论是设计还是测绘图纸，都应符合制图国家标准。当设备改造后，必须立即绘制新图，抽掉旧图。

（三）设备档案的管理

1. 资料的搜集

搜集与设备活动有直接关联的资料。如设备经过一次修理后，更换和修复的主要零部件的清单、修理后的精度与性能检查单等，对今后研究和评价设备的活动有实际价值，需要进行系统地搜集。

2. 资料的整理

对搜集的原始资料，要进行去粗取精、删繁就简地整理与分析，使进入档案的资料具有科学性与系统性，提高其可用价值。

3. 资料的利用

只有充分使用，才能发挥设备档案的作用。为了实现这一目的，必须建立设备档案的目录和卡片，以方便使用者查找与检索。

设备档案资料按单机整理存放在设备档案袋内，设备档案编号应与设备编号一致。设备档案袋由专人负责管理，存放在专用的设备档案柜内，按编号顺序排列，定期进行登记和入档工作。同时还应做到：明确设备档案的具体管理人员；按设备档案归档程序做好资料分类登记、整理、归档；非经设备档案管理人员同意，不得擅自抽动设备档案，以防失落；制订设备档案的借阅办法；加强重点设备的设备档案管理工作，使其能满足生产维修的需要。

（四）设备技术档案管理制度

例 3-2 某公司设备技术档案管理制度如下。

设备技术档案管理制度

第一条　为健全并妥善保管设备技术档案，明确设备技术档案管理职责，规范设备技术档案管理工作，提高公司设备技术档案管理水平，依据国家有关法律、法规和公司设备管理制度，制定本制度。

第二条　本制度适用于公司设备的档案管理。内容包括档案管理的主要内容，档案管理的要求等。

第三条　各单位设备管理部门及车间应妥善保管设备技术资料，建立设备台账及主要设备、关键设备档案，各车间应建立所管辖范围内的全部设备档案。

第四条　各单位应按照公司《设备管理体系相关记录》的要求逐一建立健全设备管理基础资料，并结合本单位实际进行补充和完善。

第五条　各单位应逐台建立健全设备档案，主要内容应包括：

（1）设备一般特点及技术特性（如设备编号、位号、名称、规格、技术参数 、原值、制造厂家、安装地点、投产日期、操作运行条件等）；

（2）设备检验总结报告；

（3）附属设备明细表；

（4）重大缺陷记录；

（5）安装试车记录；

（6）设备检修记录；

（7）主要配件更换记录；

（8）设备运转时间累计；

(9) 设备技术改造和更新记录;

(10) 设备故障及事故记录;

(11) 润滑说明表;

(12) 设备腐蚀情况及防腐措施记录;

(13) 设备状态监测及故障诊断记录;

(14) 其他需要建立归档的设备技术资料。

第六条　设备技术档案管理要求

(1) 设备检修后，必须有完整的交工资料，由检修单位交设备管理部门及设备所在单位，一并存入设备技术档案;

(2) 基建、技措、安措、零购及更新等项目的设备投产后，安装试车记录、说明书、检验证、隐蔽工程、试验记录等技术文件由信息管理部门、设备管理部门或设备所在车间保管;

(3) 各单位对主要设备零部件（润滑油脂）进行改替代和技术改造等，应按照有关程序进行审批，并及时修订设备技术档案;

(4) 设备迁移、调拨时，其档案随设备调出，主要设备报废后，档案由设备管理部门封存;

(5) 技术档案应责成专人统一管理，建立清册。技术档案必须齐全、整洁、规格化，及时整理填写。人员变更时，主管领导必须认真组织按项交接。

第三节　设备技术规程规范

设备技术规程规范是根据企业经营与设备管理的总体目标，把设备技术管理系统和日常各项管理工作的内容、标准、方法与流程，用制度固定下来，作为技术管理工作的准则。设备技术规程规范种类繁多，有国际标准（ISO）如《机械安全》（ISO 12100：2010）、国家标准（GB）如《机械设备安装工程施工及验收通用规范》（GB 50231—2009）、行业标准如《YS 系列三相异步电动机技术条件》（JB/T 1009—2007）、企业标准如《设备维护保养规程》等。所有这些标准，企业均应遵守和使用，使之成为设备管理工作的规范，系统地加以运用。

设备安装的同时，生产管理部门和设备管理部门应为设备投入生产作准备。生产管理部门、设备管理部门负责组织收集、编制、修订、审核设备技术规程规范。

设备技术规程规范编制要求：优先采用国家标准，若无国家标准的，采用行业标准，然后是制订和采用企业标准。企业标准的编制应简单明了、具有可操作性。

设备技术规程规范编制的依据：国家制定的法规标准及行业标准；设备仪器仪表说明书；设备设计技术参数的要求；国内国外设备使用组织经验及其他要求。

企业设备管理技术规程一般有：机械设备检修技术规程；电气设备检修技术规程；电气运行规程；电气安全技术规程；电气试验规程；继电器调试维护规程；压力容器、气瓶、液化气槽车等安全监察规程；设备操作维护规程；设备完好标准等。

下面是企业设备管理常用的几种技术规程规范（企业标准）。

一、设备操作技术规程

设备操作规程是操作人员正确掌握操作技能的技术性规范，是指导工人正确使用和操作设备的基本文件之一。其内容是根据设备的结构和运行特点，以及安全运行等要求，对操作人员在其全部操作过程中必须遵守的事项。

（一）设备操作规程内容一般要求

（1）操作设备前对现场清理和设备状态检查的内容和要求；
（2）操作设备必须使用的工作器具；
（3）设备运行的主要工艺参数；
（4）常见故障的原因及排除方法；
（5）开车的操作程序和注意事项；
（6）润滑的方式和要求；
（7）点检、维护的具体要求；
（8）停车的程序和注意事项；
（9）安全防护装置的使用和调整要求；
（10）交、接班的具体工作和记录内容。

（二）某企业空气压缩机（5L-40/8）操作规程

例 3-3 空气压缩机（5L-40/8）操作规程如下。

空气压缩机（5L-40/8）操作规程

空气压缩机（5L-40/8）主要性能：排气量 $40m^3/min$，排气压力 0.8MPa。电机直联驱动。电机为同步电机：电压 6kV，功率 250kW，主轴转速 428r/min。

第一部分　机械部分操作规程

一、开机前的准备工作

（1）首先开启冷却水循环泵，水压 0.25MPa，检查各部位的冷却水流量。

（2）检查注油器和机身内部的油位，用手摇动注油器和油泵，将润滑油打入气缸、十字头及轴承曲轴瓦。在起动 30s 后，油泵的工作压力应在 0.1MPa 以上，注油器工作正常。

（3）人工盘车 2～3 圈，转动灵活无卡阻。

（4）在控制室内进行空载起动，然后延时关闭放空电磁阀，压缩机进入正常状态。

二、工作时的维护管理

（1）开机时要随时注意观察油压表的读数是否正常，注油器供油情况，水路是否畅通。

（2）当机械自动排污装置失灵时，中间冷却器冷凝出的油水应每隔 2h 排放一次，储气罐每班排放一次，如空气中湿度较大，应增加排放次数。

(3) 随时注意检查各级压力表和温度计的计数是否在下列范围内：

1) 1 级压力为 0.18 ~0.2MPa，不低于 0.16MPa，不超过 0.22MPa；

2) 2 级压力为 0.8MPa，不超过 0.84MPa；

3) 润滑油压力为 0.1 ~0.3MPa；

4) 各级排气温度不超过 160℃；

5) 机身正常油温不超过 60℃。

(4) 倾听机械的声音是否正常，检查吸气阀外侧是否过热。

(5) 注意电动机温升，不允许超过 70℃。

(6) 润滑油：

1) 注油器冬天用 32 号压缩机油，夏天用 46 号压缩机油；

2) 机身内用 46 号机械润滑油，在夏天气温较高的情况下，可采用 68 号或更大号数的润滑油。

(7) 在下列情况下必须立即停车找出原因并消除：

1) 冷却水突然中断供应；

2) 润滑油压力下降或突然中断；

3) 2 级排气温度过高；

4) 2 级排气压力过高；

5) 润滑油温度过高；

6) 配电盘电流表所指示的电动机的负荷突然超过正常值；

7) 压缩机或电动机有不正常的音响时；

8) 电动机的滑环和电刷间或线路接头有严重火花时；

9) 压缩机发生严重漏气和漏水。

(8) 每小时巡回检查一次，并认真填写运行日志。

三、停机

(一) 正常停机

(1) 按下“停车复位”按钮，放空电磁阀即打开，经过延时 30s，自动切断电机电源；

(2) 关闭循环冷却水。

(二) 紧急停机：当出现压缩机突然故障和水路及电路不可预测的故障时应紧急停机，按“分闸电钮”即可实现空压机的带负荷紧急停机。

(1) 放出中间冷却器和储气缸中的油水；

(2) 断开电源，压缩机进入空负荷运转而停机，冷却水停止供应；

(3) 冬季低温情况下，应将各级水路及中间冷却器内的存水全部放出，以免发生冻裂现象。

第二部分 电气设备操作规程

一、主机起动

(1) 起动前的准备：

1) 将冷却水压显示调节仪，上限整定为 0.5MPa，下限整定为 0.08 MPa；

2）将润滑油压显示调节仪上限整定为0.5MPa，下限整定为0.08MPa；

3）将1级排气温度显示调节仪上限整定为160℃；

4）2级排气温度显示调节仪上限整定为160℃；

5）将控制柜内两个时间继电器整定在30s；

6）电源柜、高压柜、励磁柜、控制柜上的开关均放在断开位置（隔离开关除外）。

（2）合上水泵电源开关起动水泵。

（3）合上励磁电源开关。

（4）合上高压柜操作电源开关。

（5）合上高压柜上的上下隔离刀闸开关，将操作电源开关转到接通位置，操作合闸开关合闸；合上仪表柜隔离刀闸开关，电压表显示出6kV电压，转动电压转换开关应指出各相电压。

（6）合上高压馈电柜上隔离刀闸开关，将操作电源开关转到接通位置。

（7）合上控制柜的电源开关，合上控制柜电源转换开关，电压表指示出220V电压。

（8）按下“保护投入”按钮，保护投入指示灯一亮，观察水压显示调节仪的指针指到0.2~0.3MPa。

（9）合上励磁柜电源开关，励磁柜上的电源指示灯亮，将电源“转换开关”转到接通位置，将转换开关转至“调整”位置，慢慢调节励磁调节旋钮，观看励磁电压表和电流表读数慢慢上升，当电压表指针达到30V，电流达到50A时，用手轻按一下“检测”按钮，并观察电压表指针是否下降，然后将电流表指示值调整到95A左右，将转换开关转到“允许”位置。

（10）按下控制柜“合闸按钮”主机起动并自动投励，拉入同步运行。

（11）调整励磁柜“励磁调节旋钮”，将电流表的指示值调整到100A左右，主机起动结束。

二、主机停机

（一）正常停机

（1）按控制柜上“停机复位”按钮，主机按步骤自动延时停机；

（2）将电源转换开关转到“断开”位置，拉开电源开关；

（3）将励磁柜“励磁调节”旋钮向左旋至原始位置，将转换开关转到“O”位，把电源转换开关转到“断开”位置，拉开电源开关；

（4）将高压馈电柜的操作电源开关转到断开位置；

（5）最后断开电源柜中的励磁电源开关和高压柜操作电源开关，主机正常停机结束。

（二）自动保护动作停机

（1）自动保护系统中的元器件动作，主机自动延时停机；

（2）停机后应根据警报信号检查出故障原因并排除后，按主机起动步骤再行起动。

（三）紧急停机

（1）由于压缩机组的机械、电器发生故障或其他原因需要紧急停机时，按下控制柜上“分闸”按钮、高压馈电柜上“分闸”按钮、压缩机旁的按钮均可以实现紧急停机；

（2）停机后，应检查相应故障原因。排除后，经主管领导批准，方可再行起动。

二、设备维护保养技术规程

通过擦拭、清扫、润滑、调整等一般方法对设备进行护理，以维持和保护设备的性能和技术状况，称为设备维护保养。设备维护保养规程是操作人员和维保人员正确掌握操作技能的技术性规范，是指导工人正确操作和维护设备的基本文件之一。设备维护规程的内容根据设备类型和特点不尽相同。

（一）设备维护保养规程一般要求

（1）设备传动示意图和电气原理图；设备润滑“五定”图表和要求。

（2）定时清扫的规定。

（3）设备使用过程中的各项检查要求，包括路线、部位、内容、标准状况参数、周期（时间）、检查人等。

（4）运行中常见故障的排除方法。

（5）设备主要易损件的报废标准。

（6）安全注意事项。

（二）范例——某企业数控机床通用维护保养规程

数控机床的维护保养是保持设备正常技术状态、延长使用寿命所必须进行的日常工作。数控机床维护分为日常维护保养和定期维护保养。

1. 数控机床的日常维护保养

数控机床日常维护保养包括每班维护和周末维护，由操作人员负责。

（1）每班维护。班前要对设备进行点检，查看有无异状；查看油箱及润滑装置的油质、油量，并按润滑图表规定加油；检查安全装置及电源等是否良好；确认无误后，先空车运转待润滑情况及各部位正常后方可工作。

下班前用约15min时间清扫擦拭设备，切断电源，在设备滑动导轨部位涂油，清理工作场地，保持设备整洁。

（2）周末维护。在每周末和节假日前，用1～2h较彻底清洗设备，清除油污。

2. 数控机床定期维护保养

数控机床定期维护保养是在维修工辅助配合下，由操作工进行的定期维护作业，按设备管理部门的计划执行。在维护作业中发现的故障隐患，一般由操作工自行调整，不能自行调整的则以维修工为主，操作人员配合。数控机床定期维护的主要内容：

（1）每月维护。

1）认真清扫控制柜内部。

2）检查、清洗或更换通风系统的空气滤清器。

3）检查全部按钮和指示灯是否正常。

4）检查全部电磁铁和限位开关是否正常。

5）检查并紧固全部电缆接头并查看有无腐蚀、破损。

6）全面查看安全防护设施是否完整牢固。

（2）每两月维护。

1）检查并紧固液压管路接头。

2）查看电源电压是否正常，有无缺相和接地不良。

3）检查全部电动机，并按要求更换电刷。

4）液压马达有否渗漏并按要求更换油封。

5）开动液压系统，打开放气阀，排出液压缸和管路中空气。

6）检查联轴器、带轮和带是否松动和磨损。

7）清洗或更换滑块和导轨的防护毡垫。

（3）每季维护。

1）清洗冷却液箱，更换冷却液。

2）清洗或更换液压系统的滤油器及伺服控制系统的滤油器。

3）清洗主轴箱、齿轮箱，重新注入新润滑油。

4）检查联锁装置、定时器和开关是否正常运行。

5）检查继电器接触压力是否合适，并根据需要清洗和调整触点。

6）检查齿轮箱和传动部件的工作间隙是否合适。

（4）每半年维护。

1）抽取液压油液化验，根据化验结果，对液压油箱进行清洗换油，疏通油路，清洗或更换滤油器。

2）检查机床工作台水平，全部锁紧螺钉及调整垫铁是否锁紧，并按要求调整水平。

3）检查镶条、滑块的调整机构，调整间隙。

4）检查并调整全部传动丝杠负荷，清洗滚动丝杠并涂新油。

5）拆卸、清扫电动机，加注润滑油脂，检查电动机轴承，酌情予以更换。

6）检查、清洗并重新装好机械式联轴器。

7）检查、清洗和调整平衡系统，视情况更换钢缆或链条。

8）清扫电气柜、数控柜及电路板，更换维持 RAM 内容的失效电池。

三、设备检修技术规程

设备检修规程是指导检修人员检修设备的技术规范。

（一）设备检修规程内容一般要求

（1）设备技术性能；

（2）检修周期和检修内容；

（3）检修方法及质量标准；

（4）试车与验收；

（5）常见故障处理。

（二）范例——2CY 型齿轮油泵检修规程

2CY 型齿轮油泵检修规程见例 3-4。

例 3-4 2CY 型齿轮油泵检修规程如下。

2CY 型齿轮油泵检修规程

一、设备技术性能

2CY 型齿轮油泵主要零件包括一对相互啮合的齿轮、主动轴、轴承、泵体、前后泵盖以及轴封装置等。2CY 型齿轮油泵几种型号的设备性能见表 3-2。

表 3-2　设备性能表

型　号	出口管径/in	流量 /$m^3 \cdot h^{-1}$	压力/MPa	转数 /$r \cdot min^{-1}$	吸油高度 /m	电机功率 /kW
2CY-2. 1/25-1	1	2. 10	2. 5	1450	0. 5	3
2CY-3/25-1	1	3. 00	2. 5	1450	0. 5	4
2CY-4. 2/25-1	1¼	4. 20	2. 5	1450	0. 5	5. 5

二、检修周期和检修内容

(一) 检修周期

检修周期见表 3-3。当企业状态监测手段已经具备开展预知维修的条件后，可不受此检修周期的限制。

表 3-3　检修周期

检 修 类 别	小修	中修
检修周期/月	4 ~ 6	12

(二) 检修内容

1. 小修

(1) 清洗油箱和管路、过滤器。

(2) 更换填料和密封垫圈。

(3) 检查或更换联轴器的弹性胶圈和柱销。

(4) 消除日常维护检查中查出而未消除的缺陷。

2. 中修

(1) 包括小修项目。

(2) 调整齿轮端面与端盖的间隙。

(3) 泵与电机找正。

(4) 校验压力表及安全阀。

(5) 修理或更换齿轮、齿轮轴、端盖。

(6) 检查修理或更换轴承、联轴器、壳体和填料压盖。

(7) 机体防腐。

(8) 电机检查、修理、加油。

三、检修方法及质量标准

(一) 泵体与端盖

(1) 泵体铸件不得有气孔、砂眼、夹渣、裂纹等缺陷。

(2) 泵体加工面应光滑无伤痕和沟槽，如有轻微拉毛和擦伤时，可用半圆形油石研磨修理；内孔中心线与两端面垂直度公差值不低于IT6级。

(3) 水压试验压力为工作压力的1.5倍，保持5min不漏。

(4) 端盖、托架表面不得有气孔、砂眼、夹渣、裂纹等缺陷，加工表面粗糙度为*Ra*1.6。

(5) 测量端盖两孔轴线平行度，应不大于0.01mm/100mm；孔的中心距偏差为±0.04mm。检测端盖两孔中心线与加工端面垂直度，其值不大于0.03mm/100mm。

(6) 组装时，紧固螺栓用力对称均匀，边紧边盘动转子，如转子不动时，应松掉螺栓调整间隙，重新紧固。

(二) 油泵齿轮

(1) 用涂色法检查齿的啮合接触面积，要求接触斑点均匀分布在节圆线的上下，接触面积沿齿宽应大于70%，沿齿高应大于50%。

(2) 两齿轮宽度应一致，测量单个齿轮宽度，误差不超过0.03mm/100mm。

(3) 用千分尺等检测齿轮端面与端盖的轴向总间隙，一般要求间隙0.1~0.15mm，组装时，可用端盖与泵体之间的密封垫片的厚度来调整。

(4) 检测齿顶与壳体的径向间隙，一般为0.1~0.2mm，但必须大于轴颈与轴瓦的径向间隙，超过0.2mm应报废。

(5) 用压铅法、千分表等工具，检测齿轮啮合侧间隙，其值见表3-4。

表3-4　齿轮啮合侧间隙 (mm)

中心距	安装间隙	磨损极限间隙	中心距	安装间隙	磨损极限间隙
<50	0.07~0.085	0.20	81~120	0.115~0.130	0.30
51~80	0.095~0.105	0.25	121~200	0.150~0.170	0.35

(6) 齿轮啮合顶间隙为(0.2~0.3)m (m为模数)。

(7) 测量齿轮两端面与轴中心垂直度，其值不超过0.02mm/100mm。

(三) 轴

(1) 轴颈圆柱度公差值为0.01mm，轴颈表面不得有伤痕，粗糙度为*Ra*1.6。

(2) 最大磨损量为0.01D (D为轴颈尺寸)。

(四) 轴承

1. 滚动轴承

(1) 滚动轴承的滚子与滚道应无坑疤、锈斑等缺陷，保持架完好，接触平滑，转动无杂音。

(2) 检查与滚动轴承配合的轴颈和轴承座的尺寸，应符合图样规定。

(3) 轴承压盖与滚动轴承端面间间隙应不大于0.1mm；轴的膨胀侧轴承压盖与滚动轴承端面的间隙，应根据两轴承轴的长度和介质温度确定，留足间隙。

(4) 拆装滚动轴承应使用专用工具，不得用锤直接敲打。装后轴承内圈端面应与轴肩靠紧。

(5) 用加热法装轴承时，应将轴承放到油温不超过120℃的机油中加热30~60min，严禁用火焰直接加热。

2. 滑动轴承

(1) 轴承与瓦壳的结合应牢固，表面不得有裂纹、气孔和伤痕。

(2) 与轴颈接触角度在下瓦中部60°~90°范围，接触均匀用涂色法检查每平方厘米不少于3~4块色印。

(3) 检查轴瓦的油道、油孔是否畅通，润滑情况是否良好。轴瓦顶间隙见表3-5。

表3-5 轴瓦顶间隙 (mm)

轴直径	轴瓦顶间隙	
	转速<1000r/min	转速>1000r/min
50~80	0.06~0.14	0.1~0.18
80~120	0.08~0.16	0.12~0.21
120~180	0.10~0.20	0.15~0.25

(4) 轴瓦顶间隙按表3-5选取。

(5) 填料密封。

1) 填料密封衬套和压盖与轴的径向间隙一般为0.40~0.50mm，四周间隙均匀。

2) 填料密封压盖与填料箱内壁一般采用H11/d11配合。

3) 填料开口应开45°斜口，每圈接口应互相错开120°，填料不宜压装过紧。

(6) 联轴器。

1) 联轴器与轴的配合根据轴径不同，采用H7/js6、H7/k6或H7/m6。

2) 弹性套柱销联轴器两轴的对中偏差及端面间隙，应符合表3-6标准。

表3-6 弹性套柱销联轴器两轴的对中偏差及端面间隙 (mm)

联轴器外径	端面间隙	对中偏差		联轴器外径	端面间隙	对中偏差	
		径向位移	轴向倾斜			径向位移	轴向倾斜
71~106	3	<0.04	<0.2/1000	224~250	5	<0.05	<0.2/1000
130~190	4	<0.05	<0.2/1000	315~400	5	<0.08	<0.2/1000

四、试车与验收

(一) 试车前的准备

(1) 检查机座的地脚螺栓及机座与泵、电动机之间的连接螺栓的紧固情况。

(2) 检查电机与泵的联轴器连接情况。

(3) 检查轴承内润滑油量是否适宜。

(4) 检查轴向密封装置是否压得过紧和过松。

(5) 检查压力表、安全阀、溢流阀是否灵敏好用。

(6) 进、出口阀门开关位置是否正确。

(7) 清除泵座及周围一切工具和杂物。

(8) 拆除联轴器柱销、检查电机转向是否正确。

(9) 装上联轴器柱销，准备试车条件，接通电源便可启动开车。

(二) 试车

(1) 检查滑动轴承温度不高于65℃，滚动轴承温度不高于70℃。

(2) 检查运转有无异常振动和噪声，机体振幅值不超过0.15mm。

(3) 检查电流是否超过额定值。

(4) 检查流量、压力是否平稳，达到铭牌出力或满足生产需要。

(5) 加负荷运转时压力应逐步升高。

(6) 试车24h合格后，按规定办理验收手续，移交生产。

(三) 验收

(1) 设备经负荷试车，运转情况良好，各主要操作指标达到铭牌能力或设计要求。

(2) 设备状况达到完好标准。

(3) 检修记录齐全准确即可按规定程序办理交接手续，交付生产使用。

五、常见故障与处理

常见故障与处理方法见表3-7。

表3-7　常见故障与处理方法

故障现象	故障原因	处理方法
流量不足或压力不够	(1) 吸入高度不够； (2) 泵体或入口管漏气； (3) 入口管线或过滤器有堵塞现象； (4) 液体黏度大； (5) 齿轮轴向间隙过大； (6) 齿轮径向间隙或齿侧间隙过大	(1) 增高液面； (2) 更换垫片，紧固螺栓、修复管路； (3) 清理； (4) 液体加温； (5) 调整； (6) 调整间隙或更换泵壳、齿轮
填料处渗漏	(1) 中心线偏斜； (2) 轴弯曲； (3) 轴颈磨损； (4) 轴承间隙过大齿轮振动剧烈； (5) 填料不合要求； (6) 填料压盖松动； (7) 填料安装不当； (8) 密封圈失效	(1) 找正； (2) 调整或更换； (3) 修理或更换； (4) 更换轴承； (5) 重新选用填料； (6) 紧固； (7) 纠正； (8) 更换
泵体过热	(1) 油温过高； (2) 轴承间隙过小或过大； (3) 齿轮径向、轴向、齿侧间隙过大； (4) 填料过紧； (5) 出口阀开度过小造成压力过高； (6) 润滑不良	(1) 冷却； (2) 调整间隙； (3) 调整或更换； (4) 调整； (5) 开大出口阀降低压力； (6) 更换润滑油脂
电动机超负荷	(1) 液体黏度过大； (2) 泵体内进杂物； (3) 轴弯曲； (4) 填料过紧； (5) 联轴器同轴度超差； (6) 电流表出现故障； (7) 压力过高或管路阻力过大	(1) 加温； (2) 检查过滤器消除杂物； (3) 更换； (4) 调整； (5) 找正； (6) 修理或更换； (7) 调整压力，疏通管路
振动或发出噪声	(1) 液位低、液体吸不上； (2) 轴承磨损间隙过大； (3) 主动与从动齿轮轴平行度和主动齿轮轴与电动机轴同轴度超标； (4) 轴弯曲； (5) 泵体内进杂物； (6) 齿轮磨损； (7) 键槽松动或扎坏； (8) 地脚螺栓松动； (9) 吸入空气	(1) 增高液位； (2) 更换轴承； (3) 找正； (4) 更换； (5) 清理杂物，检查过滤器； (6) 修理或更换； (7) 修理或更换； (8) 紧固； (9) 消除漏气

四、设备完好标准

设备完好是指设备处于完好的技术状态。设备的技术状态是指设备所具有的工作能力，包括：性能、精度、效率、运行参数、安全、环保和能源消耗等所处的状态及其变化情况。

完好设备的一般标准是：设备性能良好，机械设备能稳定地满足生产工艺要求，动力设备的功能达到原设计或规定标准，运转无超温超压等现象；设备运转正常，零部件齐全，安全防护装置良好，磨损、腐蚀程度不超过规定的标准，控制系统、计量仪器、仪表和润滑系统工作正常；原材料、燃料、润滑油、动能等消耗正常，无漏油、漏水、漏气（汽）、漏电现象，外表清洁整齐。

保持设备完好，是企业设备管理的主要任务之一。按操作和使用规程正确合理地使用设备，是保持设备完好的基本条件。因此，应制定设备的完好标准，为衡量设备技术状态是否良好规定一个合适尺度。设备完好标准范例如下。

（一）金属切削机床完好标准

适用范围：车床、铣床、刨床、磨床、钻床、镗床、刻线机、拉床、插床、齿轮及螺纹加工机床、锯床，组合机床，简易专用机床、超声波及电加工机床。

（1）精度、性能能满足生产工艺要求；

（2）各传动系统运转正常，变速齐全；

（3）各操纵系统动作灵敏可靠；

（4）润滑系统装置齐全，管道完整，油路畅通，油标醒目；

（5）电气系统装置齐全，管线完整，性能灵敏，运行可靠；

（6）滑动部位运行正常，无严重拉、研、碰伤；

（7）机床内外清洁；

（8）基本无漏油、漏水、漏气现象；

（9）零部件完整；

（10）安全防护装置齐全。

以上标准中（1）~（6）项为主要项目，其中有一项不合格即为不完好设备。

（二）电动机完好标准

1. 运行正常，效能良好

（1）出力能持续达到铭牌要求，电流在允许范围内；

（2）温升按不同等级的绝缘材料，在允许范围内；

（3）各部振动符合规程要求；

（4）滑环、整流子运行中无火花。

2. 内部构件无损，质量符合要求

（1）预防性试验合格；

（2）线圈、铁芯、槽楔无松动；

（3）保护装置符合设计要求，整定值准确，动作可靠；

（4）用于防爆区域的防爆电机符合防爆规程的要求。

3. 主体整洁，零部件齐全好用

（1）周围环境整洁，铭牌清晰，有现场编号；

（2）电缆不渗油，敷设规范化；

（3）空气冷却器效能良好，能满足电机温度的要求；

（4）电动机的联锁装置、接地装置及其他附件齐全好用，重要、大型电机现场有紧急停用按钮。

4. 技术资料齐全准确

应具有：

（1）设备档案；

（2）检修和试验记录；

（3）高压电动机运行记录。

思考题

3-1 设备管理的基础资料包括哪些内容？

3-2 列举出五种设备管理制度？

3-3 设备档案主要包括哪些内容？

3-4 设备维护保养技术规程一般包括哪些内容？

3-5 设备检修技术规程一般包括哪些内容？

第四章　设备使用与维护管理

设备在负荷下运行并发挥其规定功能的过程，即为使用过程。设备在使用过程中，由于受到各种因素作用影响，其技术状况发生变化而逐渐降低工作能力。要控制这一时期的技术状态变化，就必须根据设备的工作条件及结构特点，遵守设备本身所要求的使用方法，精心维护设备。

只有正确使用维护设备，才能保证设备正常运行，避免设备的不正常磨损或损坏，防止人身事故的发生，延长设备的使用寿命和大修周期，降低备件消耗，减少维修费用，确保生产设备正常进行。

第一节　设备使用与维护管理制度

设备管理制度应符合企业章程、基本组织规定及生产管理制度的框架，符合企业生产经营的特点。除此之外，设备管理制度还应以国家的相关法规为依据，做到合理合法，规定的事项还应符合国家的方针政策。

设备使用与维护管理制度属于设备管理标准。建立健全设备管理规章制度是加强设备管理的重要措施。规章制度是用文字形式对各项生产、技术、经济活动和管理工作的要求所作的规定，是企业职工共同遵守的行动规范和准则。

一、设备使用管理制度

（一）设备使用管理规定

（1）工人在独立使用设备前，须对其进行设备的结构、性能、技术规范、维护知识和安全操作规程等技术理论教育及实际操作技能培训。经过考试合格发给设备操作证后，方可凭证独立操作。

（2）操作工人应掌握“三好”、“四会”，严格执行使用设备的“四项要求”、“五项纪律”。

（3）设备的使用要实行定人定机，凭证操作，严格实行岗位责任制。对于多人操作的设备、生产线，必须实行机长制，由机长负责。对多班制生产的设备，操作工人必须执行设备交接班制度。单班制设备应有运行记录。

（4）操作工人要严格遵守设备操作规程，合理使用设备。严禁超负荷、超规范、拼设备。如遇现场生产管理人员或上级强令操作工人超负荷、超规范使用设备时，设备管理部门有权制止，操作工人有权拒绝，并可越级上告。对违章指挥者应追究责任。

（5）生产设备要严格执行日常维护（日常保养）和定期维护（定期保养）制度。

(二) 交接班制度

交接班制度是指生产车间的操作工人在操作设备时交接班应遵守的制度。主要生产设备为多班制生产时，必须执行交接班制。其主要内容如下：

(1) 交班人在下班前除完成日常维护外，必须将本班设备运转情况、运行中发现的问题、故障维修情况等详细记录在交接班记录簿上，并应主动向接班人介绍本班生产和设备情况，双方当面检查，交接完毕后在记录簿上签字。如属连续生产或加工不允许中途停机者，可在运行中完成交接班手续。

(2) 接班工人不能及时接班时，交班人可在做好日常维护工作的同时，将操纵手柄置于安全位置，并将运行情况及发现的问题详细地进行记录，交生产班长签字交接。

(3) 接班工人如发现设备有异常情况，记录不清、情况不明和设备未清扫时，可以拒绝接班。如因交接不清，设备在接班后发现问题，由接班人负责。

(4) 对于一班制生产的主要设备，虽不进行交接班，但也应在设备发生异常情况时填写运行记录和记载故障情况，特别是对重点设备必须记载运行情况，以便掌握设备的技术状态信息，为检修提供依据。

二、设备维护管理制度

(一) 设备维护制度

通过擦拭、清扫、润滑、调整等一般方法对设备进行维护，以维持和保护设备的性能和技术状况，称为设备维护或维护保养。

在不同的行业中，维护保养作业的范围、内容、名称、类别等有很大差异。如有的石油工业企业设备多执行四级保养制，即日保养、一级保养、二级保养和三级保养；有的冶金企业中高炉、平炉及有的化工企业中的生产设备，一般不规定设备保养的等级。企业应根据其行业特点和生产需要，具体确定维护保养的类别和作业内容。目前较多的企业实行“三级保养制”，即日常维护保养、一级保养和二级保养。

1. 日常维护保养

日常维护保养由操作工人负责进行，内容包括每班维护和周末维护。每班维护要求操作工人在每班生产中必须做到：班前对设备各部进行检查，按规定加油润滑；班中严格执行操作规程，发现异常及时处理；下班前对设备进行认真的清扫擦拭，并将设备状况记录在交接班记录本上。周末维护主要是要求在每周末或节假日前对设备进行较彻底的清扫、擦拭和润滑。通过日常保养，达到设备“整齐、清洁、安全、润滑。”

2. 一级保养

一级保养是以定期检查为主、辅以维护性检修的一种间接预防性维修形式，其目的是减少设备有形磨损，消除隐患，为完成生产任务提供保障。这一工作是以操作工人为主、由维修工人配合进行，并由设备管理部门以计划形式下达执行。一级保养的主要内容是：拆卸指定部件、拆卸箱盖及防护罩等，进行清洗及擦拭；检查、调整各操纵、传动机构等的配合间隙，紧固各部位；检查油泵，疏通油路，清洗或更换油毡、油线，检查油箱油质、油量；清洗导轨及滑动面，清除毛刺及划伤；清扫、检查、调整电器线路及装置

（由维修电工负责）等。一保完成后需记录，并经维修工和车间机械员验收。

3. 二级保养

二级保养是设备磨损的一种补偿形式，它是以维持设备的技术状况为主的检修形式。它的内容是：除完成一级保养所需进行的工作外，要求润滑部位全部清洗，并按油质状况更换或添加；检查、测定设备的主要精度和相关参数（例如振动、温度等）；修复或更换易损件或必要的标准件；刮研磨损的导轨面和修复、调整精度劣化部位；校验仪表；清洗或更换电机轴承、测量绝缘电阻；预检关键件及加工周期长的零件等。二级保养完成后，要求设备精度、性能达到工艺技术要求，相关参数符合标准，并且消除泄漏。对于个别精度、性能要求不能恢复，以及该更换的零件无法修复但不影响设备的使用和产品工艺技术要求的问题，允许将问题记录，便于进一步采取针对性措施排除。二级保养记录应及时、认真。二保工作以专业维修人员为主，操作工人参加。

（二）设备润滑管理制度

1. 设备润滑管理工作的要求

（1）设备管理部门设润滑专业人员负责设备润滑专业技术管理工作，各作业部门设专职或兼职润滑专业人员负责本部门润滑专业技术管理工作，基层单位设润滑班或润滑工负责设备润滑工作。

（2）每台设备都必须制订完善的设备润滑“五定”图表和要求，并认真执行。

（3）各作业部门要认真执行设备用油三清洁（油桶、油斗、加油点），保证润滑油（脂）的清洁和油路畅通，防止堵塞。

（4）对大型特殊专用设备用油要坚持定期分析化验制度。

（5）润滑专业人员应做好设备润滑新技术推广和油品更新换代工作。

（6）认真做到废油的回收管理工作。

2. 润滑“五定”图表的制订、执行和修改

（1）各部门生产设备润滑“五定”图表必须逐台制订和维护规程同时发至岗位。

（2）设备润滑“五定”图表的内容：

定点：规定润滑部位、名称及加油点数；

定质：规定每个润滑点的润滑油脂牌号；

定时：规定加换油时间；

定量：规定每次加、换油数量；

定人：规定每个加、换油点的负责人。

（3）岗位操作及维护人员要认真执行设备润滑“五定”图表规定，并做好运行记录。

（4）润滑专业人员要定期检查和不定期抽查润滑“五定”图表执行情况，发现问题及时处理。

（5）岗位操作和维护人员必须随时注意设备各部润滑状况，发现问题及时报告和处理。

3. 润滑油脂的分析化验管理

设备运转过程中，由于受到机件本身及外界灰尘、水分、温度等因素的影响，使润滑油脂变质，为保证润滑油的质量，需定期进行过滤分析和化验工作。对不同设备规定不同

的取样化验时间。经化验后的油脂不符合使用要求时要及时更换润滑油脂。设备润滑必须做到油具清洁，油路畅通。

4. 设备润滑新技术的应用与油品更新管理

(1) 设备管理部门对生产设备润滑油“跑、冒、滴、漏”等情况要组织研究攻关，逐步解决。

(2) 各作业部门要将油品的更新换代列入年度设备管理工作计划中。油品更新前必须对油具、油箱、油路进行清洗。

第二节 设备运行管理

设备运行管理，是设备使用者在使用设备过程中所进行的设备管理。

设备合理使用的基本条件是：按企业产品的工艺特点和实际需要配备设备，使其布局合理、协调；依据设备的性能、承荷能力及技术特性，安排生产，配备合格的操作者。制订并执行设备使用和维护的一系列规章制度，具有保证设备充分发挥效能的客观环境，包括必要的防护措施和防潮、防腐、防尘措施等。设备的使用管理就是依据这些基本条件，对设备从安装调试合格进入正常使用起，直到该设备退出生产止的全过程，通过组织、管理、监督以及一系列必要的措施，达到减少磨损，保持设备应有的精度和性能，使设备经常处于良好的技术状态，获得最佳经济效果的目的。

一、设备使用前的准备

(1) 技术培训。设备操作者在独立使用设备前，必须经过对设备的结构性能、传动装置、技术规范、安全操作和维护规程等技术理论及操作技能的培训，并经考试合格取得操作证后，方能独立操作使用设备。

(2) 编制设备使用技术资料。根据设备所规定的技术要求性能、结构特点、操作使用规范、调整措施等，组织编制设备的安全操作规程、维护保养细则、润滑卡片、日常检查和定期检查卡片等。

(3) 配备各种检查维护仪器和工具。

(4) 全面检查设备的安装精度、性能及安全装置等。

(5) 明确岗位职责。

对单人使用的设备，在明确操作人员后，必须明确其职责；两人及以上同时使用的设备，应明确机长负责设备的维护保养工作。

二、设备使用中的管理

在设备使用过程中，使用者要根据设备的技术规程如操作规程、维护保养规程、安全规程及管理制度正确合理使用设备。下面是设备使用的通用守则。

(一) 定人、定机和凭证操作

为了保证设备的正常运转，提高工人的操作技术水平，防止设备的非正常损坏，必须实行定人、定机和凭证使用设备的制度。

1. 定人、定机的规定

严格实行定人、定机和凭证使用设备，不允许无证人员单独使用设备。定机的机种型号应根据工人的技术水平和工作责任心，并经考试合格后确定。原则上既要管好、用好设备，又要不束缚生产力。

为了保证设备的合理使用，有的企业实行了“三定制度”，即：设备定号、管理定户、保管定人。这“三定”中，设备定号、保管定人易于理解，管理定户就是以班组为单位，把全班组的设备编为一个“户”，班组长就是“户主”，要求“户主”对小组全部设备的保管、使用和维护保养负全面责任。

2. 操作证的签发

学徒工（或实习生）必须经过技术理论学习和一定时期的师傅在现场指导下的操作实习后，师傅认为该学徒工（或实习生）已能正确使用设备和维护保养设备时，可进行理论及操作考试，合格后由设备管理部门签发操作证，方能单独操作设备。对于工龄长且长期操作设备，并会调整、维护保养的工人，如果其文化水平低，可免笔试而进行口试及实际操作考试，合格后签发操作证。

公用设备的使用者，应熟悉设备结构、性能。车间必须明确使用小组或指定专人保管，并将名单报送设备管理部门备案。

（二）“三好”、“四会”和“五项纪律”

1. “三好”要求

（1）管好设备。使用单位主管必须管好本单位所拥有的设备，保持其实物完好，严格执行设备管理制度。操作者必须管好自己使用的设备，自觉遵守定人、定机制度和凭证使用设备，未经主管批准和本人同意不准他人使用；管好工具、附件，不损坏、不丢失、放置整齐。

（2）用好设备。设备不带病运转，不超负荷使用，不大机小用，精机粗用。遵守操作规程和维护保养规程，细心爱护设备，防止事故发生。

（3）修好设备。操作者要配合维修工人维修好设备，及时排除故障。操作者参加设备维修后的验收试车工作。

2. “四会”要求

（1）会使用。熟悉设备结构、技术性能和操作方法，懂得工艺。会合理选择工艺参数，正确地使用设备。

（2）会保养。会按润滑图表的规定加油、换油，保持油路畅通无阻。会按规定进行一级保养，保持设备内外清洁，做到无油垢、无脏物，漆见本色铁见光。

（3）会检查。会检查与工艺有关的精度检验项目，并能进行适当调整。会检查安全防护和保险装置。

（4）会排除故障。能通过不正常的声音、温度和运转情况，发现设备的异常状态，并能判定异常状态的部位和原因，及时采取措施排除故障。

3. 使用设备的“五项纪律”

（1）实行定人定机，凭操作证操作设备；

（2）经常保持设备整洁，按规定加（换）油，保证合理润滑；

（3）遵守安全操作规程和交接班制度；

（4）管好设备附件和工具，不损坏，不丢失；

（5）发现异常时，自己不能处理的应及时通知有关人员检查处理。

第三节　设备状态管理

设备状态是指在用设备所具有的性能、精度、生产效率、安全、环境保护和能源消耗等的技术状态。设备在使用过程中，生产性质、加工对象、工作条件及环境条件等因素对设备的作用，使设备在设计制造时所确定的工作性能或技术状态将不断降低或劣化。一般地说，设备在实际使用中经常处于三种技术状态：一是完好的技术状态，即设备性能处于正常可用的状态；二是故障状态，即设备的主要性能已丧失的状态；第三种状态是处于上述两者之间，即设备已出现异常、缺陷，但尚未发生故障，这种状态有时称为故障前状态。

设备技术状态管理就是指通过对在用设备（包括封存设备）的日常检查、定期检查（包括性能和精度检查）、润滑、维护、调整、日常维修、状态监测和诊断等活动所取得的技术状态信息进行统计、整理和分析，及时判断设备的精度、性能、效率等的变化，尽早发现或预测设备的功能失效和故障，适时采取维修或更换对策，以保证设备处于良好技术状态所进行的监督、控制等工作。

设备技术状态管理的主要内容包括：制定科学的管理制度和相应的规程标准，正确合理地使用设备，加强设备的维护、检查工作，了解和掌握设备故障征兆与劣化情况，并采取消除和控制措施，积累设备检查修理过程中的各种信息，为制定合理的修理方案或更新策略提供依据。

为了延缓设备劣化进程，预防和减少故障发生，应遵循设备技术标准和管理标准，同时还应加强设备状态监测和故障诊断、故障管理，积累各项原始数据，进行统计整理分析，及时判断设备的精度、性能、效率等的变化，尽早发现或预测设备的功能失效和故障，适时采取维修或更换对策，以保证设备处于良好技术状态。

一、设备状态监测与故障诊断

对运转中的设备整体或其零部件的技术状态进行检查鉴定，以判断其运转是否正常，有无异常与劣化征兆，或对异常情况进行追踪，预测其劣化趋势，确定其劣化及磨损程度等，这种活动就称为状态监测。状态监测的目的在于掌握设备发生故障之前的异常征兆与劣化信息，以便事前采取针对性措施控制和防止故障的发生，从而减少故障停机时间与停机损失，降低维修费用和提高设备有效利用率。

对于在使用状态下的设备进行不停机或在线监测，能够确切掌握设备的实际特性，有助于判定需要修复或更换的零部件和元器件，充分利用设备和零件的潜力，避免过剩维修，节约维修费用，减少停机损失。

（一）设备状态监测的分类

设备状态监测分为主观监测和客观监测两类。

1. 主观状态监测

主观状态监测是以经验为主，通过人的感觉器官直接观察设备现象，是凭经验主观判断设备状态的一种监测方法。

2. 客观状态监测

由设备维修或检测人员利用各种监测工具和仪表，直接对设备的关键部位进行定期、间断或连续监测，以获得设备技术状态（如磨损、温度、振动、噪声、压力等）变化的信息。这是一种能精确测定劣化数据和故障信息的方法。

由于设备现代化程度的提高，依靠人的感觉器官凭经验来监测设备状态比较困难，近年来出现了许多专业性较强的监测仪器，如电子听诊器，振动脉冲测量仪，红外热像仪，铁谱分析仪、闪频仪、轴承检测仪等。

在化工、石油、冶金等企业使用的连续生产成套设备上，要求设备可靠性高，采用计算机控制的在线状态监测，以保证设备正常运转。

对于一般设备或非关键设备，多数采用简单工具和仪器进行监测。简单的监测工具和仪器很多，如千分尺、千分表、厚薄塞尺、温度计、内表面检查镜、测振仪等，用这些工、器具直接接触监测物体表面，直接获得磨损、变形、间隙、温度、振动、损伤等异常现象的信息。

（二）设备状态监测与故障诊断的常用方法

1. 温度监测

常用的测温装置有液体膨胀式传感器、双金属传感器、热电偶、电阻温度计、光学温度计、辐射温度计、红外扫描摄像仪(包括红外探测器和热成像仪)。除常规的温度测量方法外,还可以用特殊材料测温,如热敏涂料、测温漆、测温笔、测温片,但测试精度不高。

温度监测主要适用于通过监测温度变化，判断机器运行过程是否正常，常用来监测一些常见的故障：

(1) 轴承损坏。滚动轴承零件损坏，接触表面擦伤、磨损、保持架损坏，动压滑动轴承损坏等原因都会引起发热量增加，温度升高。

(2) 冷却系统故障。润滑或冷却系统故障会使某些零件的表面温度上升，如油泵故障，传动不良，管线、阀门或滤清器堵塞等。

(3) 发热量不正常。内燃机或燃油锅炉内燃烧不正常时，其外壳表面温度分布将出现不均匀。

(4) 有害物质沉积。如管内有水垢，锅炉积灰，因传热层厚度变化而影响传热，使表面温度分布发生变化。

(5) 保温材料损坏。如耐火衬里、保温层破坏都可引起局部温度过热或过冷。

(6) 电气元件故障。电气电子元件接触不良，就会使电阻增加，使电流通过后发热量增加，造成局部过热。

2. 振动监测

所有机械，即使是很精密的机械，在运转中都会产生振动，可以说振动是机械的基本属性。产生振动的原因主要是：运动零部件的失衡，转动和直线往复运动的离心力和惯性力的不平衡性；直线运动的加速度；配合面不光滑、不平整时，两个零件间产生相对运动、摩擦或滚动；配合零件间有间隙或配合过松会出现撞击；零件在载荷作用下产生的变形等都会引起振动。

判断振动是否正常的参数有振动频率、位移、速度、加速度和相位。另外用振动烈度来表示振动的强烈程度，振动烈度一般是以在机械上指定点（如轴承或轴承座）测得的振动速度的最大均方根值表示。在实际测量中，一般采用位移（相对位移和绝对位移）、速度、加速度三种方法。一般低频振动（<10Hz）以振动位移作为监测参数；中频振动（10～100Hz）以振动速度作为监测参数；高频振动（>1000Hz）以加速度作为监测参数。

机械故障会表现在振动频率中，通过频谱分析，可以找出产生振动的原因。安装过程产生的缺陷和运行中产生的磨损、疲劳和腐蚀，润滑不足或不良，环境温度过高，运转速度过高都会引起轴承失效而产生振动。

3. 油液监测

润滑油在设备内部循环使用，通过对润滑油及其带出的微粒进行在线取样监测，就能对传动机构的零部件进行状态监测。

常用的监测装置和方法有：

（1）滤清器。在不停机情况下，通过测定滤清器两端的油样，即可监测到微粒形成的速度、大小和形状及其元素成分。

（2）磁性微拉收集器。利用磁塞专门收集铁质微粒，还可用自动微粒计数器、微粒分析仪等。

以上两种方法主要用来监测润滑油中较大的微粒。

（3）光谱分析。主要用来分析监测因零件（轴承、齿轮、活塞、缸套等）磨损而产生的悬浮在润滑油中的细小金属微粒，所监测的微粒尺寸可小于10μm。能分析多种元素含量，并提供微粒形成速度的信息，缺点是无法了解微粒的形状。

（4）铁谱分析。机械零件主要是由钢或铁制成的，机械零件在相对运动中产生的磨屑进入润滑油系统，测定油样中的铁含量，是确定零件磨损程度的主要依据。利用铁谱仪采用磁性方法或磁性材料将铁从润滑油中分离出来，可以进一步确定磨损微粒的成分、尺寸和形状，从而发现产生磨损微粒的根源，测量范围为1～250μm。

4. 超声波检测法

利用超声波进行无损检测可以检查金属、合金等材料的内部缺陷，如辗压裂纹、搭接、杂质、不良的焊缝、锻造裂纹、腐蚀凹痕等缺陷的最小尺寸及其位置。其应用范围只适用于检测平行面的零件。其缺点是设备或零件表面粗糙时，灵敏度降低，而且不适用于形状不规则的零件。

二、设备故障管理

设备故障是指设备整体或其零部件在规定的使用条件下不能完成规定功能的事件。与故障意义相近的还有“失效”的概念，失效通常指的是不可修复的对象；故障指的是可以修复的对象。

（一）设备故障的外部表现形式

各种机器结构不同，使用环境不同，其故障的外部表现形式也不尽相同。常见的机器零部件故障的外部表现形式如下：

（1）损坏。包括断裂、开裂、裂纹、烧结、击穿、变形、弯曲、破损等。

（2）退化。包括老化、变质、剥落、腐蚀、早期磨损等。

（3）松脱。包括松动、脱落、脱焊等。

（4）失调。包括调整上的缺陷，如间隙过大过小、流量不准、压力过大过小、行程不当、仪表指示不准等。

（5）堵塞与渗漏。包括堵塞、不畅、漏油、漏气、漏水、控制阀开关失灵等。

（6）整机或子系统。包括性能不稳、功能不正常、功能失效、启动困难、润滑系统供油不足、运转速度不稳、整机出现异常声响、紧急制动装置不灵等。

（二）设备故障产生的内在因素

设备运行一段时间后，造成设备出现故障的内在因素如下：

（1）力和温度引起的弹性变形。在机器构件中，当由所施加的工作载荷或工作温度引起的可恢复的弹性变形大到足以妨碍机器正常地执行预定功能时，就会出现弹性变形故障。这种故障包括屈服故障、表面压陷故障、延性破裂故障、脆性断裂故障。

（2）磨损。主要是机械零件做相对运动的结果，从而引起累积性的尺寸改变。磨损有时不是一种单一的过程，而是许多不同作用互相组合发生的过程，如通过局部的剪切、凿削、焊接、撕裂等复合作用，使材料从接触表面上脱落。磨损包括黏附磨损、磨粒磨损、腐蚀磨损、表面疲劳磨损、变形磨损、撞击磨损、微动磨损。

（3）疲劳。疲劳是由于所施加的变载荷超过了一定的时间而使机械零件突然破坏。故障的发生是由于裂缝的出现和发展，进而突然失效。这种故障包括循环疲劳故障、热疲劳故障、表面疲劳故障、撞击疲劳故障、腐蚀疲劳故障、微动疲劳故障。

（4）腐蚀。腐蚀指设备零部件由于与环境介质产生化学或电化学反应，使其材料产生变质变性，从而使机械零件不能执行预定的功能。腐蚀常常与其他形式的故障形式相互作用。这种故障包括直接化学腐蚀故障、电化腐蚀故障、裂隙腐蚀故障、点状腐蚀故障、晶间腐蚀故障、氢损伤故障、应力腐蚀故障。

（5）微动作用。微动作用经常在那些并不要求运动，只是由于振动载荷而受到微小的周期性相对运动的接触面上产生。微动作用所产生的碎屑通常封闭在两个表面之间。由于微动作用引起的失效有微动疲劳失效、微动磨损失效和微动腐蚀失效。

（6）冲击失效。当某一机械构件受到动载荷或突加载荷而引起的局部应力和应变，致使构件某一部分不能完成预定功能而失效。这种失效包括冲击断裂、冲击变形、冲击磨损、冲击微动、冲撞击疲劳失效。

（7）热冲击失效。当机械零件中产生的温度梯度很大，以致热应变超过材料的屈服极限或断裂极限时，就出现热冲击失效。

（8）撕裂失效。当两个滑动表面在载荷、滑动速度、温度、环境和润滑剂的组合作用下，由于表面粗糙峰顶的焊合后又撕裂和严重的塑性变形，以及由于两个表面间金属迁移而引起大片的表面破裂时，便出现撕裂失效。撕裂过程恶性发展的结果是咬死，使两个零件实际上焊合在一起，以致不可能再产生相对运动。

（9）片蚀失效。当腐蚀或磨损或其他原因产生的颗粒从机械零件表面上掉下来，妨碍零件的预定功能时，就出现片蚀失效。在滚动轴承和齿轮轮齿表面可以看到这种现象。

（10）翘曲失效。当作用载荷的大小和载荷作用点以及机器构件的几何形状构成危险的组合，以致在载荷仅有很小的变化，零件翘曲就大大地增加而不能再执行构件的预定功能时，就会产生翘曲失效。

（11）热松弛失效。当由蠕变过程引起的尺寸变化，使具有预应变或预应力的构件如高温压力容器预应力法兰螺栓产生松弛，直到不能再执行预定功能时，就会出现热松弛失效。

（12）蠕变失效。当机器构件中的塑性变形在应力和温度的影响下不断增大，以致累积的尺寸变化在一定时间后，导致构件出现破裂，使机械零件不能正常地执行预定功能时，就产生蠕变失效。

（三）设备故障产生的外部主观原因

设备及零部件故障产生的外部主观原因主要有以下方面：

（1）设计缺陷。包括结构上的缺陷、材料选用不当、强度刚度不够，没有安全装置，零件选用不当等。

（2）制造加工缺陷。包括尺寸不准，加工精度不够，零部件运动不平衡。

（3）安装缺陷。包括零件配置错误，机械、电气部分调整不良，漏装零件，液压润滑系统漏油，机座固定不牢，机械安装不平，调整错误等。

（4）质量管理上的缺陷。包括未严格按质量标准制造检验或遗漏检验项。使用不合格零部件、元器件等。

（5）使用缺陷。包括环境负荷超过规定值，工作条件超过规定值，误操作，违章操作。零部件、元件使用时间超过设计寿命。缺乏润滑，零部件磨损，设备腐蚀，运行中零部件松脱等。

（6）维修缺陷。包括未按规定维修，维修质量差，未更换已磨损零件，查不出故障部位，使设备带病运转等。

（四）设备故障管理

1. 设备故障的规律

为合理采用设备监测方法和维修方针，必须正确认识设备故障的规律。设备故障率随时间推移的变化规律可用故障率曲线表示，如图 4-1 所示为设备典型故障曲线——浴盆曲线。

早期故障期（磨合阶段）。设备投产前调整和试车阶段，设备故障较多，随着故障的消除和磨合，故障逐渐降低而趋于稳定。这一阶段反映了设备设计、制造和安装调整的技术质量水平。

偶发故障期。设备进入正常运转阶段的故障特征，故障率较低并保持稳定。这与运行条件、操作与维修密切相关。

耗损故障期。设备经过故障稳定阶段，由于机械磨损、化学腐蚀及物理性质的变化，设备故障率开始上升，进入耗损故障期。

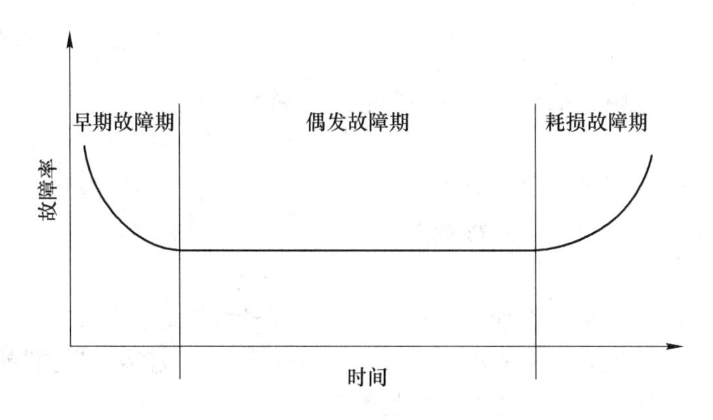

图 4-1　设备典型故障曲线——浴盆曲线

2. 设备故障的管理

设备故障管理的内容包括：故障信息收集、储存、统计、整理，故障分析，故障处理。

A　故障信息的收集

a　收集方式

设备故障信息按规定的表格收集，作为管理部门收集故障信息的原始记录。当生产现场设备出现故障后，由操作工人填写故障信息收集单，交维修部门排除故障。

b　收集故障信息的内容

具体内容包括：

（1）故障时间信息的收集：包括统计故障设备开始停机时间，开始修理时间，修理完成时间等。

（2）故障现象信息的收集：故障现象是故障的外部形态，它与故障的原因有关。因此，当异常现象出现后，应立即停车、观察和记录故障现象，保持或拍摄故障现象，为故障分析提供真实可靠的原始依据。

（3）故障部位信息的收集：确切掌握设备故障的部位，不仅可为分析和处理故障提供依据，还可直接了解设备各部分的设计、制造、安装质量和使用性能，为改善维修、设备改造、提高设备素质提供依据。

（4）故障原因信息的收集：包括产生故障的内在因素和外部原因。

（5）故障性质信息的收集：有两类不同性质的故障：一种是硬件故障，即因设备本身设计、制造质量或磨损、老化等原因造成的故障；另一种是软件故障，即环境和人员素质等原因造成的故障。

（6）故障处理信息的收集：故障处理通常有紧急修理、计划检修、设备技术改造等方式。故障处理信息的收集可为评价故障处理的效果和提高设备的可靠性提供依据。

B　故障信息的储存

开展设备故障动态管理以后，信息数据统计与分析的工作量与日俱增。全靠人工填写、运算、分析、整理，不仅工作效率很低，而且易出错误。采用计算机储存故障信息，开发设备故障管理系统软件，便成为不可缺少的手段。

C 故障信息的统计

设备故障信息输入计算机后，管理人员可根据工作需要，打印输出各种表格、数据、信息，为分析、处理故障，搞好维修和可靠性、维修性研究提供依据。

D 故障分析

故障分析是从故障现象入手，分析各种故障产生的原因、部位和机理，找出故障随时间变化的规律，判断故障对设备的影响。

E 故障处理

故障处理是在故障分析的基础上，根据故障原因和性质，提出对策，排除故障。

对于重复性故障的处理，采取项目修理、改装或改造的方法，提高局部（故障部位）的精度，改善整机的性能。对设备的多发性故障，视其故障的严重程度，采取大修、更新或报废的方法处理。对于设计、制造、安装质量不高，选购不当，先天不足的设备，采取技术改造或更换元器件的方法处理。

因操作失误、维护不良等引起的故障，应由生产车间培训、教育操作工人来解决。因修理质量不高引起的故障，应通过加强维修人员的培训、重新设计或改进维修工夹具、加强维修工的考核等来解决。

第四节 设备维护管理

一、设备维护保养的要求及内容

（一）设备维护保养的四项要求

（1）整齐。工具、工件、附件摆放整齐，设备零部件及安全防护装置齐全，线路管道完整。

（2）清洁。设备内外清洁，无“黄袍”。各滑动面、丝杆、齿条、齿轮无油污，无损伤。各部位不漏油、漏水、漏气。铁屑清扫干净。

（3）润滑。按时加油、换油，油质符合要求；油枪、油壶、油杯、油嘴齐全；油毡、油线清洁，油窗明亮，油路畅通。

（4）安全。实行定人定机制度，遵守操作维护规程，合理使用，注意观察运行情况，不出安全事故。

（二）设备维护保养的内容

设备维护保养应按设备维护保养规程进行。设备维护保养规程是设备维护保养的要求和规定，认真执行设备维护规程，可以延长设备使用寿命，保证设备安全。

（1）设备维护保养作业时，使用的工器具及材料须符合设备维护保养规程的要求；

（2）检查维护及定期检查的部位、方法和标准必须符合设备维护保养规程的规定；

（3）按设备维护保养规程的规定检验和评定设备维护保养质量。

（三）设备维护保养的实施

设备维护保养在执行设备维护保养技术规程的同时，还应做到管理的规范化和程序化。

（1）定人。设备维护保养的人员须经过培训且具有一定实际经验。

（2）定点。根据设备的结构，确定重点部位、常见故障点的维护内容。

（3）定量。对设备发生磨损、腐蚀、变形和减薄处，按照维修技术标准进行劣化倾向的定量化检查。通过劣化倾向的测定，以决定维修与否。

（4）定时。按照设备的运行状况、变化特点及生产要求，确定维护保养时间。

（5）定路线。根据生产流程和设备的布置，规定维护保养的路线。

（6）定标准。规定保养维护的方法、手段和判别设备劣化的标准。

（7）定记录。为维护保养制定统一的表格，设备维护保养人员将维护保养结果如实地填写在表格内，尤其是设备的异常现象，应全面准确记录。

二、设备巡检（点检）

（一）设备巡检的目的

设备的巡检是为了维持设备所规定的机能，按标准对规定的设备检查点（部位）进行直观检查和工具仪表检查。实行设备巡检能使设备的故障和劣化现象早期发觉、早期预防、早期修理，避免因突发故障而影响产量、质量，增加维修费用、运转费用以及降低设备寿命。

（二）设备巡检的分类

设备巡检分日常巡检、定期巡检和专题巡检三种。日常巡检由操作人员负责，作为日常维护保养里一个重要内容，结合日常维护保养进行。定期巡检，可以根据不同的设备，确定不同的巡检周期。专题巡检，主要是作精度检查。

（三）确定设备巡检标准

由设备工程技术人员、管理人员、操作人员、维修人员一道，对每台设备，依据其结构和运行方式，定出检查的部位（巡检点）、内容（检查什么）、正常运行的参数标准（允许的值），并针对设备的具体运行特点，对设备的每一个巡检点，确定出明确的检查周期，一般可分为时、班、日、周、旬、月检查点，然后，制定巡检卡片。设备操作人员和维修人员根据巡检卡的要求进行巡检。

（四）设备巡检发现问题的处理

（1）一般经简单调整、修理可以解决的，由操作人员自己解决。

（2）在巡检中发现的难度较大的故障隐患，由专业维修人员及时排除。

（3）对维修工作量较大，经设备管理人员鉴定，暂不影响使用的设备故障隐患，由维修部门安排一保或二保计划予以排除。

设备管理部门要通过对设备各种巡检和维修记录的分析，不断改进巡检标准，完善巡检卡片。

第五节　设备润滑管理

一、润滑管理的任务与内容

润滑管理的基本任务是：正确地选择、使用好润滑剂，及时、合理地润滑设备，防止设备发生润滑故障，使设备经常处于良好的工作状态，保证生产顺利进行；同时还要做好润滑剂的保管及定额消耗及废油回收利用的工作。

根据上述任务，润滑管理主要有以下内容：

(1) 建立切实可行的管理机构和规章制度，根据需要设置润滑站，配备专职或兼职的润滑工作人员。订立各级人员的岗位责任制。

(2) 制订设置润滑的技术标准，执行“五定”工作规范。编制各类型设备润滑图表、润滑卡片，发至每台设备使用。润滑图表、卡片要力求简明、准确、统一。建立各种技术操作规程、安全技术规程等。

(3) 控制润滑材料的购、储、用全过程。监督油脂按计划的品种、数量、质量及时供应；掌握库存油料状况，要求按定额发给各车间或单台使用，以及回收废旧油料。

(4) 开展润滑技术培训。根据工厂的实际情况对润滑工进行教育培训，教育培训的内容有润滑基础知识、工厂的润滑技术规程及管理制度等。

(5) 加强对润滑系统工作状态的检查，并进行记录。对重要设备应作定期检修，以保证油路畅通、油压及油量适宜；各种分油器、滤油器、压力继电器和流量保险联锁装置等灵活可靠。所有设备均应单独设立换油记录卡片。

(6) 制定各种机型润滑材料消耗定额。定额包括表面加油消耗定额、油箱正常消耗、月添油定额。同时，要治理设备漏油。

(7) 应用润滑新技术，试验、推广新润滑材料与润滑方式，以不断地提高润滑效果，适应日益提高的机械性能的需要。

(8) 做好废旧油料的回收与再生利用。废旧油须保处理好，不得污染环境。有条件的单位可组织再生利用。

(9) 润滑管理效果的评价与改善。

二、润滑管理的实施

(一) 设置润滑管理机构

为保证润滑管理工作的正常开展，企业应根据自身规模和设备润滑工作的需要，合理设置各级润滑管理组织，配备适当的人员，为搞好设备润滑提供组织保证。润滑管理的组织形式目前主要有两种，即集中管理和分散管理，企业可视情况采用。

(1) 集中管理形式是在企业设备动力部门下设润滑站和润滑油再生组，直接管理全厂各车间的润滑工作。

(2) 分散管理形式是在设备动力部门建立润滑总站，负责全厂的润滑油、废油再生。各车间都设有润滑站，负责车间设备润滑工作。

（二）配备润滑管理人员

大、中型企业的设备动力部门要配备主管润滑工作的工程技术人员。小型企业应在设备动力部门内设专、兼职润滑技术人员。润滑工的人数可根据企业设备情况配置。根据开展润滑油工况检测和废油再生利用的需要，大、中型企业应配备油料化验员。废油再生站应有专人管理。

润滑技术人员应受过润滑工程专业的教育。润滑工人除掌握润滑的技术知识外，还应具有初级以上维修钳工的技能。

（三）制定各级润滑工作人员的岗位职责

根据企业规模及润滑管理形式制定各级润滑工作人员的岗位职责。一般有设备管理部门润滑管理人员职责、车间润滑管理人员职责、润滑站润滑人员职责、设备操作者职责等。各级润滑工作人员协调完成设备润滑工作任务。

（四）认真执行设备维护保养规程及润滑管理制度

根据设备维护保养规程评价设备润滑质量、根据润滑管理制度评价考核润滑工作人员的工作质量，实现设备的正确、合理、及时润滑，使设备安全、正常运行。

思考题

4-1 设备日常维护保养有哪些内容？
4-2 设备润滑“五定”图表有哪些内容？
4-3 简述使用设备的“四项要求”、“五项纪律”？
4-4 什么是设备状态监测？
4-5 设备状态监测与故障诊断的常用方法有哪些？
4-6 简述设备故障产生的内在因素和外部原因？
4-7 简述设备巡检的目的？

第五章　设备维修管理

设备在使用过程中，随着零部件磨损程度的逐渐增大，设备的技术状态将逐渐劣化，以致设备的功能和精度难以满足产品质量和产量要求，甚至发生故障。设备技术状态劣化或发生故障后，为了恢复其功能和精度，采取修复磨损或更换失效的零件（包括基准件），并对局部或整机检查、调整、修理的技术活动，称为设备维修。

设备维修管理是为了实现设备维修而进行的决策、计划、组织、指导、实施、控制的过程。

第一节　设备维修方式及类型

一、设备维修方式

目前，我国工业企业现行的设备维修方式大致有事后维修、预防修理、改善维修和全员生产维修制等。

（一）事后维修

事后维修（BM）就是对一些生产设备，不将其列入预防维修计划，发生故障后或性能、精度降低到不能满足生产要求时再进行修理。采用事后维修方式（即坏了再修）可以发挥主要零件的最大寿命。

事后维修作为一种维修方式，不适用于对生产影响较大的设备，一般适用范围有：

（1）对故障停机后再修理不会给生产造成损失的设备；

（2）修理技术不复杂而又能及时提供备件的设备；

（3）一些利用率低或有备用的设备。

（二）预防维修

为了防止设备性能、精度劣化或为了降低故障率，按事先规定的修理计划和技术要求进行的维修活动，称为预防维修（PM）。一般对重点设备和重要设备实行预防维修。预防维修主要有以下几种维修方式。

1. 定期维修

定期维修是在规定时间的基础上执行的预防维修活动，具有周期性特点。它是根据零件的失效规律，事先规定修理间隔期、修理类别、修理内容和修理工作量。它主要适用于已掌握设备磨损规律且生产稳定、连续生产的流程式生产设备、动力设备，大量生产的流水作业和自动线上的主要设备以及其他可以统计开动台时的设备。

我国目前实行的设备定期维修制度主要有计划预防维修制和计划保修制两种。

A　计划预防修理制

计划预防修理制（简称计划预修制），是以设备故障理论和磨损规律为依据，对设备有计划地进行预防性的维护、检查和修理的一种维修制度。计划预修的内容包括日常维护、定期清洗（及换油）、定期检查和计划修理。计划修理，按照对设备性能的恢复程度，可分为大修、中修和小修三种。

计划修理的方法一般有标准修理、定期修理和检查后修理等三种。

(1) 标准修理。根据零件的磨损规律和使用寿命，事先规定设备的修理日期、类别、内容和工作量，届时不管设备的实际技术状况如何，都必须严格按照计划规定进行修理。标准修理一般仅适用于必须保证安全运行的关键设备或生产自动线设备。

(2) 定期修理。根据设备的实际使用情况，并参照有关检修定额标准，预先订出大致的修理日期、类别和内容，届时再根据修理前检查的结果，具体确定修理时间、项目和工作量。定期修理有利于降低修理费用，提高修理质量，应用比较普遍。

(3) 检查后修理。根据零件的磨损情况，制定设备检查计划，预先规定检查的次数和日期，届时再根据检查结果编制修理计划，具体确定修理时间、类别和修理工作量等。

B　计划保养修理制

计划保养修理制（简称计划保修制），是有计划地对设备进行一定类别的保养和修理的一种维修制度，一般由三级保养和大修组成。计划保修明确规定了各种维护保养和大修的周期、内容和要求。到了计划规定期限，不论其技术状态如何，也不考虑生产任务的轻重，都必须按规定进行强制保养（包括日保、一保和二保），并按计划进行检查和大修。

我国的机械、交通等行业在设备维修中多采用计划保修制，取得了较好的效果。但强制保养和计划大修的执行，必然造成某些设备或某些部位的维修不足或维修过剩。

2. 状态监测维修

这是一种以设备技术状态为基础，按实际需要进行修理的预防维修方式。它是在状态监测和技术诊断基础上，掌握设备劣化发展情况，在高度预知的情况下，适时安排预防性修理，又称预知的维修。

这种维修方式的基础是将各种检查、维护、使用和修理，尤其是诊断和监测提供的大量信息，通过统计分析，正确判断设备的劣化程度、发生（或将要发生）故障的部位、技术状态的发展趋势，从而采取正确的维修类别。这样能充分掌握维修活动的主动权，做好修前准备，并且可以和生产计划协调安排，既能提高设备的可利用率，又能充分发挥零件的最大寿命。

（三）改善维修

为消除设备先天性缺陷或频发故障，对设备局部结构和零件设计加以改进，结合修理进行改装以提高其可靠性和维修性的措施，称为改善维修（CM）。

设备的改善维修与技术改造的概念是不同的，主要区别为：前者的目的在于改善和提高局部零件（部件）的可靠性和维修性，从而降低设备的故障率和减少维修时间和费用；而后者的目的在于局部补偿设备的无形磨损，从而提高设备的性能和精度。

（四）全员生产维修制

全员生产维修制（TPM），是以提高设备综合效率为目标，以设备的整个寿命周期为管理对象的全员参加的现代设备维修体系。它的要点是：

（1）把提高设备的综合效率作为目标；

（2）建立以设备一生（整个寿命周期）为对象的生产维修总系统；

（3）涉及设备的规划研究、使用、维修等部门；

（4）从企业最高领导人到第一线操作工人都参加设备管理；

（5）加强生产维修保养思想教育，开展以小组为单位的生产维修目标管理活动。

近年来，我国一些企业，紧密结合本单位实际、因地制宜，学习日本设备管理先进方法，开展 TPM，不断创新，逐步摸索适合我国企业情况的维修工作方法。

二、设备维修方式的选择

影响维修方式选择的主要因素是设备的故障特征、设备的有效度、设备的维修费用。

（一）设备的故障特征

主要是由制造商从设计技术上确定下来，包括零部件的使用寿命、磨损状态。

（二）设备的有效度

这是根据设备在生产中的重要性、维修的技术难度及经济上的合理性提出来的。特别是集约型的设备，要求具有较高的有效度，例如：城市交通系统设备、电力供应设备、水务系统设备、高度自动化的生产企业设备等。确定的设备有效度过低，导致故障增多；有效度过高，造成维修过剩，使用费用过高。

（三）维修费用

投入多少为代价以达到所要求的设备有效度，这是个难以解决的问题。这里包括直接维修费用和间接维修费用。直接维修费用一般包括维修部门支出的直接用于维修的劳务、材料、设备，配件、能源及检查等费用。间接维修费用包括准备费用、停机费用、开工费用及附加费用等。现代工业生产的集约化、自动化，使间接维修费用在总维修费用中的比例愈来愈大，流程工业的生产设备尤为突出，某些大型装置仅开停车费用就达到几十万元到几百万元。所以在优化维修方式的决策中，某些设备的间接维修费用应该置于优先考虑的地位。

事后维修适用于非重要设备，故障造成损失较少，故障后果不严重或备有备台的设备。

定期维修适用于有明显故障周期的设备，或者一些故障周期不明显的重要设备，其前提是了解设备的故障特征和磨损状况。对于连续性的生产系统，根据生产计划和设备运行状况，确定设备定期维修的安排。

状态监测为基础的维修适用于重要或关键设备。借助监测的技术手段，分析诊断设备故障的部位、原因、程度、发展趋势，以及确定维修的时间和内容，以避免计划维修或预防维修带来的过度维修成本。

当然，维修方式的选择基于设备的故障特征、设备在生产中的地位、生产特点、维修费用等加以综合考虑。也可采取组合维修模式。

三、设备维修类型

预防维修的修理类型有大修、中修、项修、小修等。

（一）大修

设备大修是工作量最大的一种计划修理。它是因设备基准零件磨损严重，主要精度、性能大部分丧失，必须经过全面修理，才能恢复其效能时使用的一种修理形式。

设备大修需对设备进行全部解体，修理基准件，更换或修复磨损件。全部刮研和磨削导轨面；修理、调整设备的电气系统；修复设备的附件以及翻新外观等，从而全面消除修前存在的缺陷，恢复设备的规定精度和性能。为了补偿设备的无形磨损，还应结合大修理，采用新技术、新工艺、新材料进行改造、改进和改装，提高设备效能。

（二）中修

中修的工作量介于大修与小修之间，对中修的要求比大修低。我国在中修执行中普遍反映“中修除不喷漆外，与大修难以区分”。因此，许多企业已取消了中修类别。

（三）项修

项目修理，简称项修，是对设备精度、性能的劣化缺陷进行针对性的局部修理。项修时，一般要进行局部拆卸、检查，更换或修复失效的零件，必要时对基准件进行局部修理和修正坐标，从而恢复所修部分的性能和精度。项修的工作量视实际情况而定。

项修是在总结我国过去实行设备计划预修制正反两方面经验的基础上，随着状态检测维修的推广应用，在实践中不断改善而产生的。在实行计划预修制中，往往忽视具体设备的出厂质量、使用条件、负荷率、维护优劣等情况的差异，而按照统一的修理周期结构及其修理间隔期安排计划修理，因而产生以下两种弊病：一是设备的某些部件技术状态尚好，却到期安排了中修或大修，造成过剩修理；二是设备的技术状态劣化已难以满足生产工艺要求，因未到修理期而没有安排计划修理，造成失修。采用项修可以避免上述弊病，并可缩短停修时间和降低修理费用。特别是对单关键设备、流水线生产的专用设备，可以利用生产间隙时间（节、假日）进行修理，从而保证生产的正常进行。

（四）小修

设备的小修是维修工作量最小的一种计划修理。对于实行状态（监测）维修的设备，小修的工作内容主要是针对日常点检和定期检查发现的问题，拆卸有关的零部件进行检查、调整、更换或修换失效的零件，以恢复设备的正常功能。对于实行定期维修的设备，小修的内容主要是根据掌握的磨损规律，更换或修复在修理间隔期内失效或即将失效的零件，并进行调整，以保证设备的正常工作能力。

（五）定期精度调整

定期精度调整是对精密、大型、稀有机床的几何精度进行定期调整，使其达到（或接近）规定标准。精度调整的周期一般为 1 ~ 2 年。调整时间适宜安排在气温变化较小的季节。实行定期精度调整，有利于保持机床精度的稳定性，以保证产品质量。

（六）定期预防性试验

对动力设备、压力容器、电气设备、起重运输设备等安全性要求较高的设备，由专业人员按规定期限和规定要求进行试验，如对耐压、绝缘、电阻、接地、安全装置、指示仪表、负荷、限制器、制动器等的试验。通过实验可以及时发现问题，消除隐患或安排修理。

第二节　设备维修计划

设备修理计划是企业组织管理设备修理工作的指导性文件，也是企业生产经营计划的重要组成部分，由企业设备管理部门负责编制。编制修理计划时，应优先安排重点设备，充分考虑所需物资，劳动力及资金来源的可能性，从本企业的技术装备条件出发，采用新工艺、新技术、新材料，在保证质量的前提下，力求减少停歇时间和降低修理费用。设备管理部门编制出计划草案后，应与企业生产、技术、财务管理部门共同讨论分析，从生产、维修、资金三方面进行综合平衡以确定计划，然后由设备管理部门负责人审定，报主管副经理批准，与企业的各级生产计划同时下达执行和同时检查及考核。企业主要生产设备的大修理计划由总经理批准。

一、修理计划的类别及内容

企业的设备修理计划，通常分为按时间进度安排的年、季、月计划及按修理类别编制的大修理计划两类。

（一）按时间进度编制的计划

1. 年度修理计划

包括：大修、项修、技术改造、实行定期维修的小修和定期维护，以及更新设备的安装等检修项目。

2. 季度修理计划

包括：按年度计划分解的大修、项修、技术改造、小修、定期维护及安装和按设备技术状态劣化程度，经使用单位或部门提出的必须小修的项目。

3. 月份修理计划

内容有：（1）按年度分解的大修、项修、技术改造、小修、定期维护及安装；

（2）精度调整；

（3）根据上月设备故障修理遗留的问题及定期检查发现的问题，必须且有可能安排在本月的小修项目。

（二）按修理类别编制的计划

企业按修理类别编制的计划，通常为年度设备大修理计划和年度设备定期维护计划，包括预防性试验。设备大修计划主要供企业财务管理部门准备大修理资金和控制大修理费使用。

二、维修计划的编制依据

（一）设备检修规程

设备检修规程内容一般有：设备技术性能；检修周期和检修内容；检修方法及质量标准；试车与验收。

（二）设备的技术状况

设备技术状况信息的主要来源是：日常点检、定期检查、状态监测诊断记录等所积累的设备技术状况信息；不实行状态点检制的设备每年三季度末前进行设备状况普查所作的记录。

设备技术状况普查的内容，以设备完好标准为基础，视设备的结构、性能特点而定。企业宜制定分类设备技术状况普查典型内容，供实际检查时参考。

设备使用单位机械动力师根据掌握的设备技术状况信息，按规定的期限，向设备管理部门上报设备技术状况表，在表中必须提出下年度计划维修类别、主要维修内容、期望维修日期和承修单位。对下年度无须维修的设备也应在表中说明。

（三）产品工艺对设备的要求

向质量管理部门了解近期产品质量的信息是否满足生产要求。例如金属切削机床的工序能力指数一下降，不合格品率增大。须对照设备的实测几何精度加以分析，如确因设备某几项几何精度超过允差，应安排计划维修。另外，向产品工艺部门了解下年度新产品对设备的技术要求，如按工艺安排，承担新产品加工的设备精度不能充分满足要求，也应安排计划维修。

（四）设备维修的历史资料

设备维修的历史资料如历次检修的常规内容，易磨损和腐蚀部位，易变形部位等，均是在停车检修中需要进行检查、检修的内容。应该备齐所需的材料、零部件、维修工具。

（五）安全与环境保护的要求

根据国家和有关主管部门的规定，设备的安全防护装置不符合规定，排放的气体、液体、粉尘等污染环境时，应安排改善修理。国家颁布了各种特殊设备，如锅炉、压力容器、起重设备、电气设备、电梯设备等的安全监察制度和规程，其中涉及特种设备的定期检验，设备改造和检修，缺陷的修复，实验和调整等，在制订设备检修计划时，应将有关内容列入计划。

三、维修计划的编制

（一）年度修理计划

年度设备维修计划是企业全年设备检修工作的指导性文件。对年度设备修理计划的要求是：准确可行，有利于生产。

1. 编制年度检修计划的 5 个环节

（1）切实掌握需修设备的实际技术状态，分析其修理的难易程度；

（2）与生产管理部门协商重点设备可能交付修理的时间和停歇天数；

（3）预测修前技术、生产准备工作可能需要的时间；

（4）平衡维修劳动力；

（5）对以上 4 个环节出现的矛盾提出解决措施。

2. 计划编制的程序

一般在每年第三季度编制下一年度设备修理计划，编制过程有以下 4 个程序：

（1）搜集资料。计划编制前，要做好资料搜集和分析工作。主要包括两个方面：一是设备技术状态方面的资料，如定期检查记录、故障修理记录、设备普查技术状态表以及有关产品工艺要求、质量信息等，以确定修理类别；二是年度生产大纲、设备修理定额、有关设备的技术资料以及备件库存情况。

（2）编制计划草稿。年度修理计划大体上对计划期需要修理的设备数量、修理类型和修理时间做出安排。

在正式提出年度修理计划草案前，设备管理部门应在主管副总经理（或总工程师）的主持下，组织工艺、技术、使用、生产等部门进行综合的技术经济分析论证，力求达到综合了必要性、可靠性和技术经济性基础上的合理性。

（3）平衡审定。计划草案编制完毕后，分发生产、计划、工艺、技术、财务以及使用等部门讨论，提出项目的增减、修理停歇时间长短、停机交付修理日期等各类修改意见，经过综合平衡，正式编制出修理计划，由设备管理部门负责人审定，报主管副总经理批准。

（4）下达执行。每年 12 月份以前，由企业生产计划部门下达下一年度设备修理计划，作为企业生产、经营计划的重要组成部分进行考核。

（二）季度修理计划

季度修理计划是年度修理计划的实施计划，必须在落实停修时间、修理技术、生产准备工作及劳动组织的基础上编制。按设备的实际技术状态和生产的变化情况，它可能使年度计划有变动。

季度修理计划在前一季度第二个月开始编制。可按编制计划草案、平衡审定、下达执行三个基本程序进行，一般在上季度最后一个月 10 日前由计划部门下达到车间作为其季度生产计划的组成部分加以考核。

（三）月份修理计划

月份修理计划是季度计划的分解，是执行修理计划的作业计划，是检查和考核企业修理工作好坏的最基本的依据。在月份修理计划中，应列出应修项目的具体开工、竣工日期，对跨月份项目可分阶段考核。应注意与生产任务的平衡，要合理利用维修资源。

一般每月中旬编制下一个月份的修理计划，经有关部门会签、主管领导批准后，由生产计划部门下达，与生产计划同时检查考核。

第三节　设备维修计划实施管理

设备修理计划经过审核和批准后，由计划部门下达给维修部门和设备使用部门贯彻执行。设备维修计划的实施过程包括：做好修前准备工作、组织维修施工和竣工验收。

各企业的组织管理形式不同，设备维修机制可能有所不同，维修部门和设备使用部门在设备维修过程中的职能也不尽相同。

一、修前准备工作

修前准备工作包括技术准备和生产准备两方面的内容。

（一）修前技术准备工作

修前技术准备工作由主修技术人员负责，包括对需修设备技术状况的修前预检，在预检的基础上，编制出该设备的修理技术文件，作为修前生产准备工作的依据。

修前的生产准备工作由备件、材料、工具管理人员和修理单位的计划人员负责。它包括修理用主要材料，备件和专用工、检、研具的订货、制造和验收入库以及修理作业计划的编制等。

修前技术准备工作包括对设备进行预检和编制修理技术任务书、修理工艺、质量标准、备件明细表、材料明细表，以及专用工、检、研具图纸等技术文件。通过预检，如发现设备技术状态的劣化程度与修理计划中规定的修理类别有较大出入，主修技术人员应及时通知使用单位及设备管理部门。

1. 预检

预检工作是做好修前准备工作的基础和制定修理措施计划的依据。预检的目的是全面深入掌握设备技术状况，包括设备的精度、性能、零件缺损、安全防护装置的可靠性、附件状况等，为修理准备更换件和专用工、检、研具，以及制定修理工艺等收集原始资料。

预检的时间应根据设备的复杂程度确定。通常，中小型设备在修前2～4个月进行预检；大型复杂设备的修前准备周期较长，其预检时间为修前4～6个月。

预检的内容及步骤如下：

（1）主修技术员首先要阅读设备说明书和装配图，熟悉设备的结构、性能和精度要求。其次是查看设备档案，从而了解设备的历史故障和修理情况。

（2）由操作工人介绍设备目前的技术状态，由维修工人介绍设备现有的主要缺陷。

（3）进行外观检查，如导轨面的磨损、碰伤等情况，外露零部件的油漆及缺损情况等。

（4）进行运转检查。先开动设备，听运转的声音是否正常，详细检查不正常的地方。

打开盖板等检查看得见的零部件。对看不见有疑问的零部件则必须拆开检查。拆前要做好记录，以便解体时检查及装配复原之用。必要时尚需进行负荷试车及工作精度检验。

(5) 按部件解体检查。将有疑问的部件拆开细看是否有问题。如有损坏的，则由计划人员按照备件图提出备件清单。没有备件图的，就须拆下测绘成草图。尽可能不大拆，因预检后还需要装上交付生产。

2. 编制维修技术文件

预检结束后，针对设备修前技术状况存在的缺损，按照产品工艺对设备的技术要求，为恢复设备的性能和精度，编制以下维修技术文件。

(1) 维修技术任务书。维修技术任务书包括主要维修内容、修换件明细表、材料明细表、维修质量标准。

(2) 维修工艺规程。维修工艺规程包括专业用工检具明细表及图纸。

对于项修，可按实际需要把各种修理技术文件的内容适当地加以综合和简化。

编制维修技术文件时，应尽可能地及早发出修换件明细表、材料明细表及专用工检具图，以利于及早进行订货和安排制造。

(二) 修前生产准备

修前生产准备包括：材料及备件准备，专用工、检具的准备以及修理作业计划的编制。

1. 材料及备件的准备

根据年度修理计划，企业设备管理部门编制年度材料计划，提交企业材料供应部门采购。主修技术人员编的设备修理材料明细表是领用材料的依据，库存材料不足时应临时采购。

外购件通常是指滚动轴承、标准件、胶带、密封件、电器元件、液压件等。备件管理人员按更换件明细表核对库存后，不足部分组织临时采购和安排配件加工。

2. 专用工、检具的准备

专用工、检具的生产必须列入生产计划，根据修理日期分别组织生产，验收合格入库编号后进行管理。通常工、检具应以外购为主。

3. 编制维修作业计划

维修作业计划是组织和考核逐项作业按计划完成的依据，以保证按期完成设备修理任务。

设备部门所编制的维修作业计划应包括以下内容：

(1) 设备名称、规格型号、安装地点；

(2) 设备的维修性质（小修、项修、中修、大修）；

(3) 设备维修施工作业内容和质量标准；

(4) 设备维修施工计划工期；

(5) 设备维修材料、配件耗用清单；

(6) 设备维修施工的专用工具、量具、仪器等清单；

(7) 作业人员配置，包括工种、人数及分工等；

(8) 设备维修施工的详细方案或安全技术措施。

二、设备修理计划的实施

（一）交付修理

设备使用单位应按修理计划规定的日期，在修前认真做好生产任务的安排。对由企业机修车间和企业外修单位承修的设备，应按期移交给修理单位，移交时，应认真交接并填写设备交修单。设备竣工验收后，双方按设备交修单清点设备及随机移交的附件、专用工具。

如果设备在安装现场进行修理，使用单位应在移交设备前，彻底擦洗设备和把设备所在的场地扫干净，移走产成品或半成品，并为修理作业提供必要的场地。

由设备使用单位维修工段承修的小修或项修，可不填写设备交修单，但也应同样做好修前的生产安排，按期将设备交付修理。

（二）修理施工

1. 解体检查

设备解体后，由主修技术人员与修理工人密切配合，及时检查零部件的磨损、失效情况，特别要注意有无在修前未发现或未预测的问题，并尽快发出以下技术文件和图样：

（1）维修技术任务书的局部修改与补充，包括修改、补充的修换件明细表及材料明细表；

（2）按维修装配先后顺序的需要，尽快发出临时制造配件的图纸和重要修复件图纸。

维修单位计划调度员和维修工（组）长，根据解体检查的结果及修改补充的维修技术文件，及时修改、调整作业计划。修改后的总停歇天数，原则上不得超过原计划的停歇天数。

2. 临时配件制造

修复件和临时配件制造进度往往影响维修工作进度，应按维修作业的需要安排临时配件的生产计划，特别是关键配件应按加工工序安排作业计划。加强计划执行情况的检查和生产调度工作，保证满足维修作业需要。

3. 生产调度

修理工（组）长必须每日了解各部件修理作业的实际进度，并在作业计划上作出实际完成进度的标志。对发现的问题，凡本工段能解决的应及时采取措施解决；对本工段不能解决的问题，应及时向计划调度人员汇报。

计划调度人员应每日检查作业计划的完成情况，特别要注意关键路线上的作业进度，并到现场实际观察检查。听取维修工人的意见和要求。对工（组）长提出的问题，要主动与有关技术人员联系商讨，从技术上和组织管理上采取措施，及时解决。

4. 质量检查

凡维修工艺和质量标准明确规定以及按常规必须检查的项目，维修工人自检合格后，须经质量检查员检查确认合格方可转入下道工序开始作业，对重要项目（如导轨刮研），质量检查员应在零、部件上作出“检验合格”的标志，并做好检验记录。

三、竣工验收

（一）设备大修验收

（1）设备大修维修完毕后，维修单位进行空转试验及精度检验自测合格后，通知企业设备管理部门办理验收手续。

（2）负责设备验收的部门应在设备的空运转试验、负荷试验、精度验证后方可办理验收手续。

（3）设备维修验收通过后，维修单位与使用部门办理设备交接手续，并同时将修理技术任务书、修换件明细表、材料明细表、试车及精度检验记录等作为附件随同设备修理竣工报告报送企业修理计划部门，作为考核计划完成的依据。

（4）设备大修后应有保修期，具体期限由企业自定，但一般应不少于三个月。

（二）设备项修验收

设备项修是根据设备实际技术状态所采取的针对性修理，其修理工作量和复杂程度往往有很大差别。对于修理工作量大且技术复杂的项修，可参照上述设备大修的验收程序办理竣工验收，对于修理工作量较小的项修，则可以参照小修的验收程序办理竣工验收。

（三）设备小修验收

设备小修理完毕后，以使用单位设备工程师为主，与设备操作工人和修理工人共同检查，确认已完成规定的修理内容和达到规定的技术要求后，在设备修理竣工报告单上签字验收。设备小修的竣工报告单应附有修换件明细表及材料明细表。

第四节　设备备件管理

在设备维修工作中，为了恢复设备的性能和精度，需要用新制的或修复的零部件来更换磨损的旧件，通常把这种新制的或修复的零部件称为配件。

为了缩短修理停歇时间，减少停机损失，对某些形状复杂、要求高、加工困难、生产（或订购）周期长的配件，在仓库内预先储备一定数量，这种配件称为备品，总称为备品配件，简称备件。

备件管理是指备件的计划、生产、订货、供应、储备的组织与管理，是设备维修资源管理的主要内容。

备件管理是维修管理工作的重要组成部分。科学合理地储备备件，及时地为设备维修提供优质备件，是设备维修必不可少的物质基础，是缩短设备停修时间、提高维修质量、完成修理计划、保证企业生产的重要措施。

一、备件管理概述

（一）备件的分类

1. 按备件使用情况分类

（1）生产消耗件，是指直接参与生产技术操作过程，与产品直接接触的备件，如冶金企业的轧辊、钢锭模、导位装置、退火箱、风碴口、渣罐、钢水包、剪机刀片等。

（2）设备备件，是指不直接参加生产技术过程，不直接接触产品的设备零件或部件，它的损坏主要由于机械磨损、高温烧损、化学腐蚀、氧化等原因。在这一类中又分为：

1）维修备件，是指使用寿命较短的，易于磨损、烧损、腐蚀的，一般在中、小修时更换的零件。

2）事故备件，是指使用寿命虽长，但制造困难，制造周期长的零件。这种备件也叫大型事故备件。虽然在大、中修时不一定更换，但必须按定额储备。否则，一旦发生事故，会造成设备长期停工。

2. 按零件使用特性（或在库时间）分类

（1）常备件，是指使用频率高、设备停机损失大、单价比较便宜的需经常保持一定储备量的零件，如易损件、消耗量大的配套零件、关键设备的保险储备件等。

（2）非常备件，是指使用频率低、停机损失小和单价昂贵的备件。

3. 按备件的来源分类

（1）自制备件，在机械制造企业里也称为专用机械零件。它是指设备制造厂自己设计和制造的备件，如齿轮、丝杆、轴瓦、曲轴、连杆、摩擦片等。对设备使用企业来说，自己有能力制造的称为自制备件，自己不能制造的称为外购备件。

（2）外购备件，是指设备制造厂向外订购的配套产品。

4. 按备件的规格分类

（1）标准备件，如汽车、大型机械、空压机、风机、机床备件以及其他国家通用标准设备的备品备件。标准件又称通用件。

（2）非标准备件，通常也称为异型备件。

5. 按备件的性质分类

可分为铸铁件、铸钢件、锻件、机加工件和金属结构件等。备件分类是对备件进行固定编号、建立编号目录，制定备件定额，组织备件供应和对设备备件进行管理分工的依据。

（二）备件与其他物资的区别

1. 备件与低值易耗品的区别

在维修和生产过程中经常使用的各种标准紧固件、手柄、手球、各种油杯、油嘴、纸垫、毛毡、绝缘布带、白布带、保险丝、灯泡、低压橡塑管等，这些都不属于备件范围，一般作为低值易耗品存放在辅助材料库或工具室，按实际需要领用摊销。

2. 备件与材料的区别

为缩短零件的加工时间，有时必须按零件需要的尺寸储备一定的铸件、锻件、铸铁棒、铸铝棒、铸铜棒、套筒坯、调质钢材、钢丝绳等。这些都属于材料，在毛坯库、材料库或备件毛坯库存放管理，一般不占用备件储备资金。

3. 备件与工具及机床附件的区别

机床附件和工卡具，如卡头、卡盘、分度头、砂轮、法兰盘、顶尖、剪床刀片、各种刀杆、随产品工艺变化而更换的凸轮等均不属于备件，应作为机床附件和工具管理。

4. 备件与设备的区别

为了保证全厂生产的正常进行，某些全厂性的备用设备，不属于备件范围。从价值上可列入固定资产，而不单独起作用且必须附属于其他设备，如大型液压机上的电动机、龙门刨上的发电机组等，如果需要进行储备，可划入备件范畴，但不占用备件储备资金，单独记账，占用设备大修理基金储备，在大修时冲销。

（三）备件管理的目标

备件管理的目标是在保证提供设备维修需要的备件，提高设备的使用可靠性、维修性和经济性的前提下，尽量减少备件资金，也就是要求做到以下四点：

（1）把设备计划修理的停歇时间和修理费用减少到最低程度；

（2）把设备突发故障所造成的生产停工损失，减少到最低限度；

（3）把备件储备压缩到合理供应的最低水平；

（4）把备件的采购、制造和保管费用压缩到最低水平。

（四）备件管理的主要任务

（1）建立相应的备件管理机构和必要的设施，科学合理地确定备件的储备品种、储备形式和储备定额，做好备件的保管供应工作。

（2）及时有效地向维修人员提供合格的备件，重点做好关键设备备件供应工作，确保关键设备对维修备件的需要，保证关键设备的正常运行，尽量减少停机损失。

（3）做好备件使用情况的信息收集和反馈工作。备件管理和维修人员要不断收集备件使用的质量、经济信息，并及时反馈给备件技术人员，以便改进和提高备件的使用性能。备件采购人员要随时了解备件市场的货源供应情况、供货质量，并及时反馈给备件计划员并及时修订备件外购计划。

（4）在保证备件供应的前提下，尽可能减少备件的资金占用量，提高备件资金的周转率。影响备件管理成本的因素有：备件资金占用率和周转率；库房占用面积；管理人员数量；备件制造采购质量和价格、备件库存损失等。备件管理人员应努力做好备件的计划、生产、采购、供应、保管等工作，压缩备件储备资金，降低备件管理成本。

（五）备件管理的工作内容

备件所涉及的范围广、品种多，制造、供应以及使用的周期差别大，所以备件管理工作是以技术管理为基础，以经济效果为目标的管理。其内容按性质可划分备件的技术管理、计划管理、经济管理和库房管理。

1. 备件的技术管理

备件的技术管理内容包括：对备件图样的收集、积累、测绘、整理、复制、核对、备件图册的编制；各类备件统计卡片和储备定额等技术资料的设计、编制及备件卡的编制工作。

2. 备件的计划管理

备件的计划管理是指由提出外购、外协计划和自制计划开始，直至入库为止这一段时间的工作内容，可分为：

（1）年、季、月度自制备件计划；

（2）外购备件的年度及分批计划；

（3）铸、锻毛坯件的需要量申请、制造计划；

（4）备件零星采购和加工计划；

（5）备件的修复计划。

3. 备件的经济管理

备件的经济管理内容有：备件库存资金的核定、出入库账目管理、备件成本的审定、备件的耗用量、资金定额及周转率的统计分析和控制、备件消耗统计、备件各项经济指标的统计分析等。

4. 备件库房管理

备件库房管理是指备件入库到发出这一阶段的库存管理工作。包括备件入库时的检查、清洗、涂油防锈、包装、登记入账、上架存放；备件的收、发，库房的清洁与安全；备件质量信息的收集等。

二、备件的技术管理

备件技术管理工作应主要由备件技术人员来做，其工作内容为编制、积累备件管理的基础资料。通过这些资料的积累、补充和完善，可以掌握备件的需求，预测备件的消耗量，确定比较合理的备件储备定额、储备形式，为备件的生产、采购、库存提供科学、合理的依据。

（一）备件技术资料的内容

备件技术资料内容见表5-1。

表5-1　备件技术资料内容

类别	技术资料名称和内容	资料来源	备　注
备件图册 维修图册	机械备件零件图 主要部件装配图 传动系统图 液压系统图 轴承位置分布图 电气系统图	（1）向制造厂索取； （2）自行测绘； （3）设备使用说明书中的易损件图或零件图； （4）机械行业编制的备件图册； （5）向兄弟单位借用	（1）外来资料应与实物进行校核； （2）编制图册的图纸应在图纸适当位置标出原厂图号
备件卡片	机械备件卡（自制备件卡、外购备件卡） 轴承卡 液压元件卡 皮带链条卡 电器备件卡等	（1）备件图册； （2）设备使用说明书； （3）机械行业有关技术资料； （4）向兄弟单位借用； （5）自行测绘、编制	
备件统计表	备件型号、规格统计表 备件类别汇总表	（1）备件卡； （2）备件图册； （3）设备说明书； （4）同行业互相交流； （5）设备台账； （6）机械行业有关资料	

（二）确定备件储备品种的原则

确定备件品种是一项技术性和经济性很强的工作。确定的基本原则是：从企业实际出发，满足设备维修需要，保证设备正常运转，减少库存资金。一般下列各类零件可列入备件储备范围内：

（1）各种配套件，如滚动轴承、皮带、链条、油封、液压元件和电气元件等。

（2）设备说明书中所列出的易损件。

（3）传递主要负载而自身又较薄弱的零件，如小齿轮、联轴器等。

（4）经常摩擦而损耗较大的零件，如摩擦片、滑动轴承、传动丝杆副等。

（5）保持设备主要精度的重要运动零件，如主轴、高精度齿轮和丝杆副、蜗轮副等。

（6）受冲击负荷或反复载荷的零件，如曲轴、锤头、锤杆等。

（7）制造工序多、工艺复杂、加工困难、生产周期长、需要外单位协作或制造的复杂零件。

（8）因设计结构不良而故障频率高的零件。

（9）在高温、高压及有腐蚀性介质环境下工作，易造成变形、腐蚀、破裂、疲劳的零件，如热处理用底板、炉罐等。

（10）生产流水线上的设备和生产中的关键（重点）设备，应储备更充分的易损件或成套件。

由于各企业的生产性质及具体情况不同，当地维修备件市场供应情况的不同，致使同一机型的设备在不同企业中应储备的备件品种也不完全相同。

（三）确定备件储备品种的方法

1. 根据零件结构特点、运动状态的结构状态分析法

结构状态分析法就是对设备中各种结构和运动状态进行技术分析。判明哪些零件经常处在运动状态，其受力情况，容易产生哪类磨损。磨损后对设备精度、性能和使用的影响，以及零件的结构、质量、易损等因素。再与确定备件储备品种的原则结合起来综合考虑，确定出应储备的备件项目。

2. 根据维修换件情况的技术统计分析法

技术分析法就是对企业日常维修、项修和大修更换件的消耗量进行统计和技术分析（需较长时间的积累准确资料），通过对零件消耗找出零件的消耗规律。在此基础上，与设备结构情况、确定备件储备品种原则结合起来进行综合分析，确定应当储备的备件品种。

3. 根据同型号设备备件手册比较法

这种方法适用于一般普通设备，可参看机械行业发行的备件手册、轴承手册和液压元件手册等技术资料，结合本企业实际情况，再结合前两种方法确定本单位的备件储备品种。

（四）备件的储备形式

1. 根据备件的性质确定储备形式

储备形式如下：

（1）成品储备。在设备修理中，有些备件要保持原来的尺寸，如摩擦片、齿轮、花键轴等，可制成（或购置）成品储备，有时为了延长某一零件的使用寿命，可有计划有意识地预先把相关的配合零件分成若干配合等级，按配合等级把零件制成成品进行储备。例如，活塞与缸体及活塞的配合可按零件的强度分成两三种不同的配合等级．然后按不同配合等级将活塞环制成成品储备，修理时按缸选用活塞环即可。

（2）半成品储备。有些零件必须留有一定的修理余量，以便拆机修理时进行尺寸链的补偿。如轴瓦、轴套等可以留配合刮削余量储存，也可以粗加工后储存；又如与滑动轴承配合的淬硬轴，轴颈淬火后不必磨削而作为半成品储备等。半成品备件在储备时一定要考虑到最后制成成品时的加工工艺尺寸。储备半成品的目的是为了缩短因制造备件而延长的停机时间，同时也为了在选择修配尺寸前能预先发现材料或铸件中的砂眼、裂纹等缺陷。

（3）成对（套）储备。为了保证备件的传动和配合，有些机床备件必须成对制造、保存和更换，如高精度的丝杠副、蜗轮副、镗杆副、螺旋伞齿轮等。为了缩短设备修理的停机时间，常常对一些普通的备件也进行成对储备，如车床的走刀丝杠和开合螺母等。

（4）部件储备。为了进行快速修理，可把生产线中的设备及关键设备上的主要部件，制造工艺复杂、技术条件要求高的部件或通用的标准部件等，根据本单位的具体情况组成部件适当储备，如减速器、液压操纵板、高速磨头、金刚刀镗头、吊车抱闸、铣床电磁离合器等。部件储备也属成品储备的一种形式。

（5）毛坯（或材料）储备。某些机械加工工作量不大及难以预先决定加工尺寸的备件，可以毛坯形式储备，如对合螺母、铸铁拨叉、双金属轴瓦、铸铜套、皮带轮、曲轴及关键设备上的大型铸锻件，以及有些轴类粗加工后的调质材料等。采用毛坯储备形式，可以省去设备修理过程中等待准备毛坯的时间。

2. 根据库存控制方法确定储备形式

储备形式如下：

（1）经常储备。对于那些易损、消耗量大，更换频繁的零件，需经常保持一定的库存储备量。

（2）间断储备。对于那些磨损期长、消耗量少、价格昂贵的零件，可根据对设备的状态检测情况，发现零件有磨损和损坏的征兆时，提前订购（生产），作短期储备。

（五）备件的储备定额

备件定额包括消耗定额、实物储备定额、资金储备定额。其中消耗定额是基础，储备定额是结果和要求。备件工作者应首先落实消耗定额，进而确定储备定额，既要千方百计尽可能地降低备件的消耗与储备，又要根据生产计划、设备运行与内、外部环境的变化情况，及时、适当地调整相应的消耗与储备，认真搞好定额管理。

1. 备件的消耗定额

设备的零部件在运行过程中不断磨损，当磨损达到一定程度不能再修复，或虽可修复但经济不合算，只得报废更换，称为零件的消耗。其单位时间（一般以一个月计，也可以半年或一年计）的消耗量，经规范并确定后，称为备件的消耗定额，用 R（件/月）

表示。

设备由许多零部件组成。目前使用的绝大部分设备的零件，均是按等强度设计而不是按等寿命设计，即其工作寿命是不同的，因而报废、更换就有先后之分，消耗有快慢之别。要确定其消耗速度，即消耗定额，一般有两种方法。

（1）根据零件的设计寿命确定消耗定额。设备的许多零件，特别是传动件，设计时是有其工作寿命的。设计寿命确定消耗定额 R（件/月）时，可按下式计算：

$$R = \frac{720\alpha}{t_0}$$

式中，α 为工作负荷率；t_0 为设计工作寿命，单位为小时。但并不是所有零件都有设计寿命，绝大部分零件仅是强度计算，只有部分重要的又有反复循环载荷的传动件，如齿轮、轴等才有设计寿命，因而由此确定消耗定额的备件品种范围很有限；而且由于工作条件、维护保养等诸多因素的影响，零件的实际寿命与设计寿命不可能一样，有时甚至差距相当大，就是说，此法确定之 R 值准确度不够理想，因而实际应用不多，只在重要的传动件中，作为 R 值的核算校对参考之用。

（2）根据零件的实际消耗统计确定消耗定额。一般是统计近一到两年的实际消耗，结合下一年度设备数量、生产条件与统计年度的变化情况进行适当修正，从而确定下一年度的消耗定额。如果原来已有消耗定额，则既要考虑原定额与上一年度实际消耗的差异，又要考虑上一年度与下一年度在生产条件方面的变化，然后以原有定额为基础进行适当的调整、修正而得到下一年度的消耗定额。由于是以备件的实际消耗为基础，因而此法编制确定的消耗定额之准确度较高。

2. 备件的实物储备定额

备件是预先制作准备好并放在仓库里，以便随时供应设备检修时更换用，因而备件的库存储备与设备检修的零件消耗就必须经常保持一种动态平衡关系。应从技术经济分析的观点和方法去讨论备件储备量 D 与零件消耗速度 R 之间的动态平衡关系，以期达到备件工作的目的要求。

（1）由于生产、维修不断地消耗备品、备件，备件储备的储备量在正常情况下是不断变化的，其变动情况可根据数学模型以动态图形式来表示。

图 5-1 所示为储备变化的动态示意图。在此动态图上可以看出，备件从最高储备量 D_{max} 开始消耗（为简化按直线消耗考虑），当降至订货点储备量 D_p 时，便应编制批量为 D_0 的计划进行定制，当储备量继续降至 D_{min}（又称保险储备量）时，所定制的一批批量为 D_0 的备件交货入库，储备又回复至 D_{max}，如此周期地重复变动，这样的变动是正常的变动。从最高储备量降至最低储备量后，又恢复至最高储备的时间，称为备件储备的恢复周期 T_i。

（2）最佳订制批量 D_0 的确定。备件订制与一般机械制造业的零件生产一样，是一批、一批地安排进行，即每次按一定的批量 D 进行，但批量 D 的大小与费用息息相关。一般情况下，订货批量大则单价低，因加工制作一件、几件或几十件其工艺装备都是一套，可是入库储备量大，储备费用增加；若批量少则相反。因而就有一个合理的、使费用最低的批量 D_0。

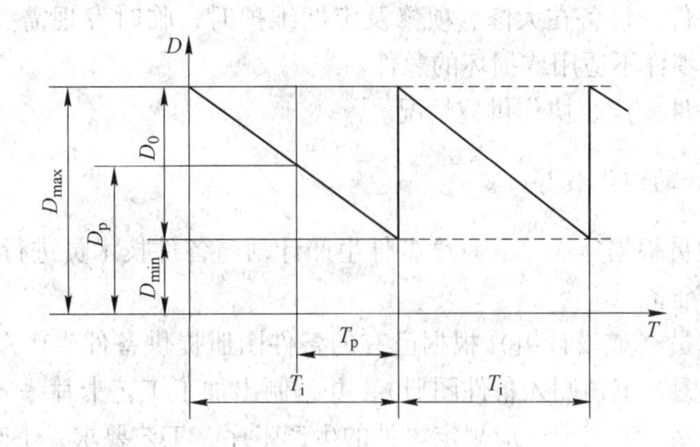

图 5-1 储备量变化的动态示意图

D—储备量；D_0—备件定制批量；D_p—订货点储备量；D_{min}—最低储备量；D_{max}—最高储备量；T—储备时间；T_i—备件储备的恢复周期；T_p—批量为 D_0 的备件定制所需的时间

三、备件的计划管理

（一）备件计划的分类

1. 按备件的来源分类

一般可分为以下两类：

（1）自制备件生产计划，包括产品、半成品计划，铸锻件毛坯计划、修复件计划等；

（2）外购备件采购计划，其中也可分为国内备件采购计划与国外备件采购计划两部分。

2. 按备件的计划时间分类

可分为年度备件生产计划、季度备件生产计划和月度备件生产计划。

（二）编制备件计划的依据

（1）年度设备修理需要的零件以年度设备修理计划和修前编制的更换件明细表为依据，由维修部门提前 3 ~6 个月提出申请计划。

（2）各类零件统计汇总表。

包括：

1）备件库存量；

2）库存备件领用、入库动态表；

3）备件最低储备量的补缺件。由备件库根据现有的储备量及储备定额，按规定时间及时申报。

（3）定期维护和日常维护用备件由车间设备员根据设备运转和备件状况，提前三个月提出制造计划。

（4）本企业的年度生产计划及机修车间、备件生产车间的生产能力、材料供应等情况分析。

（5）本企业备件历史消耗记录和设备开动率。

（6）临时补缺件。设备在大修、项修及定期维护时，临时发现需要更换的零件，以及已制成和购置的零件不适用或损坏的急件。

（7）本地区备件生产、协作供应情况。

（三）备件生产的组织程序

（1）备件管理员根据年、季、月度备件生产计划与备件技术员进行备件图样、材料、毛坯及有关资料的准备；

（2）备件技术员（或设计组）根据已有的备件图册提供备件生产图样（如没有备件图册应及时测绘制图，审核归入备件图册），并编制出加工工艺卡片一式二份，一份交备件管理员，一份留存。工艺卡中应规定零件的生产工序、工艺要求、工时定额等；

（3）备件管理员接工艺卡后，将图样、工艺卡、材料领用单交机修车间调度员，便于及时组织生产；

（4）对于本单位无能力加工的工序，由备件外协员迅速落实外协加工；

（5）各道工序加工完毕后，经检验员和备件技术员共同验收，合格后开备件入库单并送交备件库。

（四）外购件的订购形式

凡制造厂可供应的备件或有专业工厂生产的备件，一般都应申请外购或订货。根据物资的供应情况，外购件的申请订购一般可分为集中订货、就地供应、直接订货三种形式。

（1）集中订货。各厂应根据备件申请计划，按规定的订货时间，参加订货会议。在签订的合同上要详细注明主机型号、出厂日期、出厂编号、备件名称、备件件号、备件订货量、备件质量要求和交货日期等。

（2）就地供应。一些通用件大部分由企业根据备件计划在市场上或通过机电公司进行采购。但应随时了解市场供应动态，以免发生由于这类备件供应不及时而影响生产正常进行的现象。

（3）直接订货。对于一些专业性较强的备件和不参加集中订货会议的备件，可直接与生产厂家联系，函购或上门订货，其订货手续与集中订货相同。对于一些周期性生产的备件、以销定产的专机备件和主机厂已定为淘汰机型的精密关键件，应特别注意及时订购，避免疏忽漏报。

四、备件的库存管理

（一）备件库存管理的内容

1. 备件入库要求

入库备件必须逐件进行核对与验收。

（1）入库备件必须符合申请计划和生产计划规定的数量、品种、规格；

（2）要查验入库零件的合格证明，并做适当的外观等质量抽验；

（3）备件入库必须由入库人填写入库单，并经保管员核查；备件入库上架时要做好涂油、防锈保养工作。备件入库要及时登记，挂上标签（或卡片），并按用途（使用对象）分类存放。

2. 备件保管要求

（1）入库备件要由库管人员保存好、维护好，做到不丢失、不损坏、不变形变质、账目清楚、码放整齐；

（2）定期涂油、保管和检查；

（3）定期进行盘点，随时向有关人员反映备件动态。

3. 备件发放要求

（1）发放备件须凭领料票据。对不同的备件，要拟定相应的领用办法和审批手续。

（2）领出备件要办理相应的财务手续。

（3）备件发出后要及时登记和消账、减卡。

（4）有回收利用价值的备件，要以旧换新，并制定相应的管理办法。

4. 备件处理要求

（1）由于设备外调、改造、报废或其他客观原因所造成的本企业已不需要的备件，要及时按要求加以销售和处理；

（2）因图纸、工艺技术错误或保管不善而造成的备件废品，要查明原因，提出防范措施和处理意见，并报请主管领导审批；

（3）报废或调出备件必须按要求办理手续。

（二）备件库组织形式与要求

1. 备件库的组织形式

由于企业的生产规模、管理机构的设置、生产方式以及企业拥有备件的品种、数量的不同，地区备件供应情况的不同，备件库的组织形式也应有所不同。机械行业企业内部大致可分为综合备件库、机械备件库、电器备件库和毛坯备件库等。

A　综合备件库

综合备件库将所有维修用的备件如机床备件、电器备件、液压元件、橡胶密封件及动力设备用备件都管起来，做到集中统一管理，避免了分库存放，对统一备件计划较为有利。过去，采用这种形式的企业较多，有大型企业，也有中、小型企业。

B　机械备件库

机械备件库只管机械备件（齿轮、轴、丝杆等机械零件），其形式较为单纯，便于管理，但修理中所常需更换的轴承、密封件、电器等零件，维修人员需到供应部门领取。

C　电器备件库

电器备件库储备全厂设备维修用的电工产品、电器电子元件等。储备的品种视具体情况而定，多数企业一般不单独设电器备件库，而由厂生产部门管理。

D　毛坯备件库

毛坯备件库主要储备复杂铸件、锻件及其他有色金属毛坯件，目的是缩短备件的加工周期，以适应修理的需要。如果只有少数毛坯备件，一般可不设毛坯备件库而由材料库兼管。

总之，备件库的组织形式应根据企业的特点和客观实际情况适当选择设置。

2. 备件库房及其要求

备件库房的建设应符合备件的储备特点。备件库房要求具备以下条件：

（1）备件库的结构应高于一般材料库房的标准，要求干燥、防腐蚀、通风、明亮、无灰尘，有防火设施。

（2）备件库房的建造面积，一般应达到每个修理复杂系数（包括机械、电器）$0.02 \sim 0.04m^2$。

（3）配备有存放各种备件的专用货架和一般的计量检验工具，如磅秤、卡尺、钢尺、拆箱工具等。

（4）配备有存放文件、账卡、备件图册、备件订货目录等资料的橱柜。

（5）配备有简单运输工具以及防锈去污的物料，如器皿、棉纱、机油、防锈油、电炉等。

（三）备件的 ABC 管理法

备件的 ABC 管理法，是物资管理中 ABC 分类控制在备件管理中的应用。它是根据备件的品种规格、占用资金和各类备件库存时间、价格差异等因素、采用必要的分类原则而实行的库存管理办法。

A 类备件：其在企业的全部备件中品种少，占全部品种的 10% ~15%，但占用的资金数额大，一般占用备件全部资金的 80% 左右。对于 A 类备件必须严加控制，利用储备理论确定适当的储备量，尽量缩短订货周期，增加采购次数，以加速备件储备资金的周转。

B 类备件：其品种比 A 类备件多，占全部品种的 20% ~30%，占用的资金比 A 类少，一般占用备件全部资金的 15% 左右。对 B 类备件的储备可适当控制，根据维修的需要，可适当延长订货周期、减少采购次数，做到两者兼顾。

C 类备件：其品种很多，占全部品种的 60% ~65%，但占用的资金很少，一般仅占备件全部资金的 5% 左右。对 C 类备件，根据维修的需要，储备量可大一些，订货周期可长一些。

究竟什么备件储备多少，科学的方法是按储备理论进行定量计算。以上 ABC 分类法，仅作为一种备件的分类方法，以确定备件管理重点。在通常情况下，应把主要工作放到 A 类和 B 类备件的管理上。

（四）无库存管理策略

企业倡导备件最优的储备规模，不意味着不能积极思考备件存储的社会化创新，其中备件无库存管理就是其中一种积极的尝试。

备件无库存管理是企业降低备件库存的一种有效途径。目前已有国内多家大型企业应用。

备件无库存管理是指签约单位（制造厂、代理商，以下简称供应商）根据与企业签约的备件品种、数量和使用周期组织生产或货源，同时供应商按企业的要求，常年储备库存。企业仅在需用时，提前一定周期通知供应商，由供应商负责将备件按质、按量、按时送到企业的指定部门，企业再以实际领用的数量与既定价格和供应商进行结算。

一般列入无库存管理的备件，是指那些质量和消耗相对稳定（如连续两年以上使用且无质量异议），并由一定资质的供应商供应的备件，包括计划更换件、定额消耗件等。

五、备件的经济管理

备件的经济管理工作，主要是备件库存资金的核定、出入库账目的管理、备件成本的审定、备件消耗统计、备件各项经济指标的统计分析等。经济管理贯穿于设备备件管理工作的全过程。

（一）备件资金的来源和占用范围

备件资金来源于企业的流动资金，各企业按照一定的核算方法确定，并有规定的储备资金限额。因此，备件的储备资金只能由属于备件范围内的物资占用。

（二）备件资金的核算方法

备件储备资金的核定，原则上应与企业的规模、生产实际情况相联系。影响备件储备资金的因素较多，目前还没有一个合理、通用的核定方法，因而缺乏可比性。核定企业备件储备资金定额的方法一般有以下几种：

（1）按备件卡上规定的储备定额核算。这种方法的合理程度取决于备件卡的准确性和科学性，缺乏企业间的可比性。

（2）按照设备原购置总值的2%～3%估算。这种方法只要知道设备固定资产原值就可算出备件储备资金，计算简单，也便于企业间比较，但核定的资金指标偏于笼统，与企业设备运转中的情况联系较差。

（3）按照典型设备推算确定。这种方法计算简单，但准确性差，设备和备件储备品种较少的小型企业可采用这种方法，并在实践中逐步修订完善。

（4）根据上年度的备件储备金额，结合上年度的备件消耗金额及本年度的设备维修计划，企业自己确定本年度的储备资金定额。

（5）用本年度的备件消耗金额乘预计的资金周转期，加以适当修正后确定下年度的备件储备金额。

（三）备件经济管理考核指标

（1）备件储备资金定额。它是企业财务部门对设备管理部门规定的备件库存资金限额。

（2）备件资金周转期。在企业中，减少备件资金的占用和加速周转具有很大的经济效益，也是反映企业备件管理水平的重要经济指标，其计算方法为：

资金周转期（年）= 年平均库存金额/年消耗金额

备件资金周转期一般为一年半左右，应不断压缩。若周转期过长造成占用资金过多，企业就应对备件卡上的储备品种和数量进行分析、修正。

（3）备件库存资金周转率。它是用来衡量库存备件占用的每一元资金，实际上满足设备维修需要的效率。其计算公式为：

库存资金周转率 =（年备件消耗总额 ÷ 年平均库存金额）×100%

（4）资金占用率。它用来衡量备件储备占用资金合理程度，以便控制备件储备的资金占用量。其计算公式为：

资金占用率 =（备件储备资金总额/设备原购置总值）× 100%

（5）资金周转加速率。

资金周转加速率 = [（上期资金周转率 − 本期资金周转率）/ 上期资金周转率] × 100%

六、范例——某公司备件管理制度

例 5-1 某公司备件管理制度。

设备维修备品配件管理制度

一、范围

本制度明确了公司设备维修备品配件管理总的原则，并从基础管理、储备定额管理、计划管理、进口备件国产化管理等方面提出了具体要求。

二、总则

为了加强对备品配件计划的管理，公司设备管理处和下属单位要建立健全备品配件管理制度，并配备相应的管理人员，确保设备安、稳、长、满、优运行的需要。

三、资料管理

（1）具备完整、准确的基础资料和图纸。

1）设备一览表和备品配件目录。

2）备品配件的消耗定额和储备定额。

3）备品配件的制造图和有关装配图。

4）备品配件的各项技术资料。

（2）各厂设备部门负责资料、图纸的收集、核对、整理、归档和修改工作。要掌握一套完整的制造图纸，要及时掌握配件的更改情况，严格执行图纸的修改、设计、审查制度。

四、储备定额管理

定额管理是备品配件管理工作的基础，必须认真做好。

（1）根据设备运行中备件磨损、腐蚀情况和其他因素的影响，按照既能保证设备检维修的需要，又不造成超储积压的原则，各厂设备管理部门要组织编制本单位的备品配件消耗定额和储备定额，并应每年至少修改补充一次。消耗定额和储备定额需报公司设备管理处审查，由公司设备管理处和物装部共同确定储备定额。

（2）新增装置试车投产后一年内完成“设备一览表”、“配件目录”的编制工作，三年内完成备品配件消耗定额和储备定额的编制工作。

（3）消耗定额要以最近三年的实际消耗记录为依据进行核定。

（4）专用备件定额要按装置、设备顺序编制，通用件要按品种归类编制。

（5）备件分类规定：

一类：易损件。即使用年限在一个大修周期以内的备件。

二类：一般件。即使用年限在一至两个大修周期的备件。

三类：事故件。即使用年限在两个大修周期以上的备件。其中制造周期长、制造难度大、价值在六十万元以上的备件为大型事故件。

五、计划管理

计划管理是备品配件管理工作有序的关键，是安排加工和采购的依据。

（1）各单位要根据公司下达的年度检维修费提出本单位备品配件采购的年度资金计划，以确保采购资金的落实和控制。

（2）各单位要根据检维修计划、消耗、储备定额编制备品配件采购的年计划和月计划。月计划要按自加工、外购、外委加工等分别编制。

（3）各单位要建立逐级严格审批备品配件采购计划的制度，特别要对事故备件订货计划从严控制，对易损备件的订货数量要力求准确，努力提高备件计划的准确率。

（4）除紧急抢修外，备件采购计划必须有设备厂长签字，并报公司设备管理处批准后方可委托采购。

六、加工订货、验收管理

（1）各厂设备管理部门对备件的加工订货要向采购部门提出明确的质量要求，属于特殊备件的，可向采购部门推荐采购厂家。

（2）各单位要高度重视备件的检验工作，制定严格的备件检验制度，针对不同类型备件编制相应的检验标准，领到所需备件后，需进行检验确认，检验合格后方可使用，以确保备件质量。对不能保证备件供货质量、交货期、售后服务的供应商，各厂设备管理部门要及时通报采购部门，并报公司设备动力处备案，取消其资源市场资格。

（3）重要设备备件订货要实行驻厂监造，可以派本单位专业技术人员，也可以委托具备资格、经验丰富的第三方实施监造。要同时签监造合同，并附监检大纲。监检大纲包括监造内容、检验标准、监造程序、监造控制点、停止点，监检大纲要经双方或三方一致认可；监造合同要列明监造内容及责任，包括经济责任、监造过程的通报制度以及要交付的文件。委托监造合同要经集团公司鉴证。

（4）重要备件订货要派专业技术人员参加制造厂的中间验收和出厂验收，并要作出验收报告。

七、进口备品配件本地化

进口备品配件立足国内制造供应是降低采购成本、缩短供货周期的有效途径，进口备件立足国内制造工作要树立“积极、稳妥、可靠、实事求是”的指导思想，要引入竞争机制，要把质量放在第一位，确保设备的安、稳、长、满、优运行。成套引进装置、进口单机和进口载重车、施工机具的备品配件立足国内测绘、试制、试用均要遵守本规定。

（1）凡成套引进装置、进口单机和进口载重车、施工机具的各厂，主管设备的副厂长要对进口备件国产化工作负责，各有关科室、车间领导要积极组织进口备件国产化工作，并有相应的管理人员。

（2）各单位每年末要编制进口备件国产化工作计划和报本年度国产化计划完成情况，计划要包括测绘、试制、试用三个部分。计划编制要根据装置的需要和厂里的资金能力，以确保计划实施的可行性。

（3）测绘、试制原则。

1）技术准备：进口备件在试制前组织专人负责技术资料、图纸等准备工作，厂设备管理部门提出试制技术要求并进行确认，主要设备的关键备件试制技术要求要经设备厂长或总工审核确认。

国产化备件在各项性能指标上原则不能低于原引进设备备件，并能与原件完全互换，保证原整机性能。但在安装尺寸、型号等方面应尽量靠国内的系列产品。

2）仪表、电器国产化要在保证性能要求的基础上，不强调安装尺寸的完全互换，首先考虑选用引进技术专利和生产装配线产品；其次考虑选用仿制国外型号规格并鉴定的产品；第三考虑选用国内较先进的、质量较稳定的、来源较充足的产品替代进口的仪表、电器备件。确实无法选用国内现有产品的情况下，再考虑测绘试制。

3）对确需测绘试制的备件，设备管理部门要在检修期间有计划地组织人员对进口设备备件进行测绘，对已有库存进口备件组织测绘和取代研究。

（4）选定点加工厂。

1）执行谁测绘、谁负责试制的政策，明确责任，一包到底。

2）对批量大的配件要先少量试制，待试用合格后再批量生产。

3）备件国产化首先要考虑本公司机械厂、计量仪修所，本公司承担不了的再考虑集团公司系统内制造单位加工试制，系统内也承担不了的还要优先选择集团公司资源市场内制造厂加工试制。专用备件要选对口的专业厂进行试制。

4）外委测绘、试制要以保证试制产品质量为首要条件，同时考虑试制价格、交货期和售后服务等其他条件。试制厂家由各厂设备管理部门负责，和物资供应部门共同确认。

5）进口备件首次试制的费用（包括设计费、测绘费、工装模具费、材料费、加工费等），原则不高于进口备件价格，个别试制难度大的试制费可由供需双方协商决定。试制成功后的再加工费用要将设计费、测绘费、工装模具费等试制费用扣除。

（5）备件验收。试制备件要有严格的验收制度。

1）首批试制备件交货时要认真清点合同规定交付的文件、图纸、试验报告和产品合格证等，由检验人员确认无误，并将一份完整的技术资料在设备管理部门存档，其余由采购部门保管。

2）检验要按合同提出的交货状态、图纸资料、验收项目和标准对国产化备件进行入库前验收，要有检验报告，检验人员确认产品质量合格，签字盖章后方可办入库手续，对有问题的备件要拿出处理意见，并及时处理。

3）关键设备的主要备件试制各厂和备件采购部门要派技术人员参加制造厂对备件的中间检验和出厂检验工作，并写出双方认可的验收报告。

（6）试用鉴定。

1）国产化备件要及早上机试用，备件出库时要将有关资料一并交车间作试用前的检验依据，备件试用前要进行三对照，即国产化件与图纸对照，图纸与进口件对照，国产化件与进口件对照，有条件的要进行试装，合格后方可试用。

2）国产化备件试用时，对备件的用前检验、试装、运行情况要作原始记录。一般备件的试用鉴定由各厂设备管理部门和车间共同负责；主要设备的关键备件要由设备厂长或总工签字同意，并报公司设备管理处批准方可试用，试用鉴定由厂里组织进行，备件试用记录和资料由厂设备管理部门整理建档。

3）根据国产化备件的不同特点，决定其在机台上连续试用考核时间一般不少于六个月到一年，测试试用备件的各项技术指标均在允许范围内，方可确认合格。

4）大型事故件的试用各厂要提出试用方案，制造厂必须提供制造图纸及有关资料，试用时要请制造厂技术人员到现场参加用前检验和安装工作，共同协商解决试用中出现的问题，最后作出试用考核报告，提出鉴定意见。

5）需要更换备件时，凡有国产化备件的，物装部一般应先供应国产化备件。国产化备件试用鉴定合格后，一般不再进口。

八、修旧利废

为充分发挥备品配件的作用，节约资金，各单位要重视备件的修旧利废工作。备件的修复要做到经济核算，并能保证质量。凡可修复的备件要本着先公司内、后公司外委托修理的原则进行修复，修复件要经检验后妥善保管，在维修时首先考虑使用。

第五节　设备更新改造

机器设备是企业生产技术发展和实现经营目标的物质技术基础，设备的技术性能和技术状况直接影响企业产品质量、能源材料消耗、生产和人身安全、环保排放和经济效益。采用新技术对现有设备进行改造、更新，是加速企业技术改造、提高企业素质的有效方法。

一、设备的磨损及其补偿

设备在使用或闲置过程中均会发生磨损，磨损分为有形磨损和无形磨损两种形式。

（一）设备的有形磨损

机器设备在使用（或闲置）过程中发生的实体磨损或损失，称为有形磨损或物质磨损。有形磨损有两种情况：

一种是设备在运行过程中，其零部件配合表面因摩擦、振动、疲劳等产生的磨损。这种磨损使零部件的原始尺寸甚至形状发生变化，改变公差配合状况，使机器的精度下降，性能劣化，不能满足工艺要求，造成操作、维修、管理等费用的增加。这种磨损发展到严重程度时，设备就不能继续正常工作，故障频繁，甚至导致事故。

另一种是设备在闲置或封存过程中，由于自然力的作用，使设备生锈、金属腐蚀、橡胶和塑料老化，或由于维护管理不当而丧失精度和工作能力。

（二）设备的无形磨损

机器设备在使用或闲置过程中，不是由于自然力作用或使用原因，而是随着时间的推移，引起设备价值的损失，称为无形磨损。无形磨损有两种情况：

一种是由于制造企业的技术、工艺和管理水平的提高，生产同样设备所需的社会必要劳动耗费减少，因而使原设备相应贬值。

另一种是由于科学技术的发展而不断出现技术先进、结构新颖、性能更好、效率更高的设备，使原设备在自然寿命终了前就显得陈旧落后，原设备价值相对降低。

机器设备在有效使用期内，往往同时发生有形磨损和无形磨损，两者均使原设备价值降低。有形磨损严重的设备往往不能正常运行，而无形磨损严重的设备虽可正常使用，但效率低、经济效果差。

（三）设备磨损的补偿

为了保证企业生产经营活动的顺利进行，应使设备经常处于良好的技术状态，故必须对设备的磨损及时予以补偿。补偿的方式视设备的磨损情况、设备的技术状况经经济技术分析后确定，基本方式是修理、改造和更新，但必须根据设备的具体情况，采用不同方式。

对可消除的有形磨损，补偿方式主要是修理，但有些设备为了满足工艺要求，需要改善性能或增加某些功能并提高可靠性时，可结合修理进行局部改造。

对不可消除的有形磨损，补偿方式主要是改造；对改造不经济或不宜改造的设备，可予以更新。

无形磨损特别是第二种无形磨损的补偿方式，主要是更新，但有些大型设备价格昂贵，若基本结构仍能使用，可采用新技术加以改造。

二、设备的技术改造

设备的技术改造也称为设备的现代科化改装，是指应用现代科学技术成就和先进经验，改变现有设备的结构，装上或更换新部件、新装置、新附件，以补偿设备的无形磨损和有形磨损。通过技术改造，可以改善原有设备的技术性能，增加设备的功能，使之达到或局部达到新设备的技术水平。

（一）设备改造的原则

（1）针对性原则。从实际出发，按照生产工艺要求，针对生产中的薄弱环节，采取有效的新技术，结合设备在生产过程中所处地位及其技术状态，决定设备的技术改造。

（2）技术先进适用性原则。由于生产工艺和生产批量不同，设备的技术状态不一样，采用的技术标准应有区别。要重视先进适用，不要盲目追求高指标，防止功能过剩。

（3）经济性原则。在制定技改方案时，要仔细进行技术经济分析，力求以较少的投入获得较大的产出，回收期要适宜。

（4）可能性原则。在实施技术改造时，应尽量由本单位技术人员和技术工人完成；若技术难度较大本单位不能单独实施时，也可请有关生产厂方、科研院所协助完成，但本单位技术人员应能掌握，以便以后的管理与检修。

（二）设备改造的目标

企业进行设备改造主要是为提高设备的技术水平，以满足生产要求，在注意经济效益的同时还必须注意社会效益。

1. 提高加工效率和产品质量

设备经过改造后，要使原设备的技术性能得到改善，提高精度和增加功能，使之达到或局部达到新设备的水平，满足产品生产的要求。

2. 提高设备运行安全性

对影响人身安全的设备，应进行针对性改造，防止人身伤亡事故的发生，确保安全生产。

3. 节约能源

通过设备的技术改造提高能源的利用率，大幅度地节电、节煤、节水，在短期内收回设备改造投入的资金。

4. 保护环境

有些设备对生产环境乃至社会环境造成较大污染，如烟尘污染、噪声污染以及工业水的污染。要积极进行设备改造消除或减少污染，改善生存环境。

（三）设备改造的主要方向

设备技术改造的范围广泛。目前，企业设备改造主要包括：数控数显技术改造、液压系统技术改造、动静压技术改造、润滑系统技术改造、节约能源技术改造、环保技术改造等。

（四）制定设备技术改造规划的原则

（1）结合企业长远发展和技术改造规划，制定设备技术改造规划。企业有关部门要根据企业生产发展和技术进步的要求，制定出技术改造五年规划和年度计划。其中应包括设备技术改造和更新计划，特别要重视安排原有设备的技术改造，因为它投资少、周期短、见效快，可为企业尽早地提供经济效益。企业设备管理部门在总经理、总工程师的指导下，报据企业技术改造任务，会同企业的规划、技术、工艺等部门制定设备技术改造方案，有计划地组织实施，使设备技术改造的成果能够较长期的发挥效益。

（2）结合设备大修理对设备进行技术改造。设备运行过程中发生的有形磨损要尽量予以补偿，修复后再用新技术加以改造。要针对设备发生故障停机的情况，分析原因，找出故障频发的部位和零件，在修复的同时加以改造，而不是原样修复。有些设备由于在改造时装上新的部件，原有的一些零部件可以拆除，不需修复或更换，节省了费用。

（3）结合工艺调整对设备进行改造。企业在调整生产组织、改革不合理工艺流程、采用成组加工工艺后，由于加大了工件的批量，为设备进行技术改造创造了条件。

（4）生产企业与科研单位、大专院校相结合，可以发挥各自的优势，取长补短，不断开发应时新技术。

（五）设备技术改造的组织和实施

设备技术改造的组织工作十分重要，它是企业实现技术改造规划的组织保证，是完成企业经营目标的重大技术组织措施。企业设备动力部门要在总经理、总工程师的领导下，明确职责，组织实施。由于各类企业的规模，产品类型、生产批量和设备构成等差别较大，设备技术改造的任务不同，如何组织这项工作，要从企业的实际情况出发，明确设备动力部门自身任务及与有关部门的相互关系。一般情况下，企业要有一个部门通盘考虑设备的改造、更新和工艺改革等工作。对于设备技术改造工作，可由企业的总工程师办公室为主会同设备动力部门负责，也可由设备动力部门为主，会同企业计划、技术、工艺等部门组织进行。

企业在设备技术改造的组织和实施中，主要有以下工作。

1. 确定设备技术改造的项目及类型

设备具备如下情况的可考虑进行技术改造：严重污染环境；老化、技术落后、能耗高、效率低；出产的产品技术含量不高，质量差，没有竞争优势；已经历三次以上大修，大修费用高，且超出其大修后产生的经济效益。

设备技术改造的类型有：

（1）局部改造，对设备的局部进行技术改造，提高设备的加工效率；

（2）系统改造，对某个生产工艺系统进行改造，使用新技术、新工艺、新材料、新设备对生产工艺流程进行新的布局。

2. 编制和审定设备技术改造任务书

设备技术改造任务书由企业主管部门编制，经有关部门审查，进行可行性分析和方案论证，从生产工艺要求，技术是否先进适用、经济上是否合理、实施的可能性和资金来源等方面综合分析平衡后，经总工程师批准，重大项目要经总经理或报上级主管部门批准。设备技术改造任务书的内容主要有：

（1）设备存在的主要问题，发生故障情况和原因分析。

（2）设备技术改造的部位和改进要求。

（3）设备技术改造所采用的新技术和改造后应达到的技术条件，以及采用新技术的可能性。

（4）设备改造费用估算和预期的技术经济效益估计，以及资金来源的可能性。

（5）需结合大修理进行技术改造的，要转到设备动力部门，纳入年度大修理计划。

（6）被改造设备的停产时间和要求完成改造的期限。

3. 设备改造的技术设计

由企业设备动力部门或技术部门按批准的设备改造项目负责进行改造设备的技术设计，如任务重本厂难以承担，也可委托国内外设备制造专业厂、设计公司承担，结合大修理进行改造的设备，一般由本厂设备动力部门负责设计。

委托其他公司或专业机构设计的，设备部应与其签订委托设计合同。技改设计方案和图纸设计应依次经过设备部经理、生产部经理、生产副总经理的审核、审批。

4. 设备改造的实施管理

设备改造工程的项目负责人对项目的整个过程进行协调管理，负责设备选型、改造难点的攻关、项目施工的过程管理等的协调与组织；管理工程外包，减少承包单位权限，避免以包代管、偷工减料等现象发生；严格控制主要设备的选型、选厂、施工单位的选择等，以确保工程质量和投资。

5. 设备改造工程的质量监督与进度管理

（1）由生产人员、技术部人员与设备部人员组成现场施工质量监督小组或由专业监理公司对日常施工质量及施工过程中的技术难点进行监督和指导。

（2）设备改造施工应在质量监督人员的监控之下，对重点施工步骤进行确认。

（3）设备改造施工部门应定时向企业报告项目进度，确保项目按时完成。

（4）项目负责人定期召开项目例会，通报施工速度，解决影响施工的技术、材料供应等问题，协调各个部门之间的关系，反馈设备改造施工过程中遇到的问题，解决影响施工的问题，确保施工进度。

6. 设备改造项目的验收

（1）由企业的设备部、生产部和技术部人员组成验收小组，根据设备技术改造任务书和技术设计图纸规定的标准进行验收。

（2）验收内容包括：无负荷试车、负荷试车、测试精度；产品质量的稳定程度、设备运转状况；是否便于操作、设备故障率等；工艺水平稳定程度、产品质量提高程度；生产能力水平提高幅度；操作人员培训情况、实际操作演示情况；技改效益等。

（3）验收小组验收完毕应出具设备技术改造鉴定报告，并对投资、工程设计施工、设备质量和投资效益等方面作出全面评价。

设备技术改造验收合格后，有关技术文件送设备动力部门存档。

三、设备的更新

设备更新是指采用新设备替代技术性能落后、经济效益差的原有设备。

进行设备更新是为了适应企业生产经营发展、提高经济效益的需要。设备更新一般可以分为简单更新和技术更新两种方式。

简单更新是指采用相同型号的新设备替换原来使用的陈旧设备。简单更新也称为原型更新，它只能解决完全补偿原用设备的有形磨损问题，并不能提高设备本身技术的水平。因此，这种方式一般适用于原用设备严重磨损，已无修复价值，并且又无适宜的新型设备能替代的情况。

技术更新是指用结构更先进、性能更完善、生产效率更高、能源和原材料消耗更少的新型设备替换原用的陈旧设备。技术更新也可称为新型更新，它不但能完全补偿设备的有形磨损，而且还能补偿设备的无形磨损，提高设备自身的技术水平。因此，技术更新应当是设备更新的主要方式。

（一）设备更新的原则

企业的设备更新，一般应当遵循以下原则：

（1）设备更新应当紧密围绕企业的产品开发和技术发展规划，有计划、有重点地进行。

（2）设备更新应着重采用技术更新的方式，来改善和提高企业技术装备素质，达到优质高产、高效低耗、安全环保的综合效果。

（3）更新设备应当认真进行技术经济论证，采用科学的决策方法，选择最优的可行方案，以确保获得良好的设备投资效益。

（二）设备更新对象的选择

企业应当从生产经营的实际需要出发，对下列设备优先安排更新：

（1）使用时间过长、设备老化，技术性能落后、生产效率低、经济效益差的设备。

（2）原设计、制造质量不良，技术性能不能满足生产要求，而且难以通过修理、改造得到改善的设备。

(3) 经过预测，继续大修理其技术性能仍不能满足生产工艺要求、保证产品质量的设备。

(4) 严重浪费能源、污染环境、危害人身安全的设备。

(5) 按国家有关部门规定，应当淘汰的设备。

(三) 设备更新规划的编制

1. 设备更新规划编制的依据

设备更新规划的编制应在企业主管领导的直接领导下，以设备动力部门为主，并在企业的规划、技术发展、生产、计划、财务部门的参与和配合下进行。设备更新规划要根据以下内容进行编制：企业的总体发展规划；国内外设备工艺进步的情况；国家淘汰产品目录和节能产品目录；企业的设备技术性能和经济效益；企业提高产品质量和技术装备素质的要求；设备技术改造计划和设备大修理计划的安排等。

2. 设备更新规划的内容

设备更新规划的内容主要包括：现有设备的技术状态分析；需要更新设备的具体情况和理由；国内外可订购到的新设备的技术性能与价格；国内有关企业使用此类设备的技术经济效果和信息；要求新购置设备的到货和投产时间；资金来源等。

(四) 设备更新的组织和实施

设备更新规划经批准后，由企业设备动力部门组织和实施。

对新设备的选型购置，设备使用的初期管理，技术经济评价和信息反馈等，参阅本书第二章设备的前期管理的有关内容。在组织实施过程中，还要做好两项工作：

(1) 对更换的旧设备应组织技术鉴定，区别不同情况进行处理。对报废的受压容器及国家规定淘汰的设备，不得转卖给其他企业使用。

(2) 积极筹措资金。

第六节　设备维修管理制度

设备维修管理制度是企业员工特别是设备管理及维修人员应共同遵守的工作规程或行动准则。

通常，企业根据生产运营及经济管理要求制订《设备检修管理制度》通则，然后，二级单位根据设备特点及生产要求制订设备维修管理制度细则。

企业《设备检修管理制度》一般内容含有总则、检修计划编制等。

一、总则

(一) 目的

(1) 查找隐患并及时解决设备存在的问题，确保设备平稳运行。

(2) 防止设备突发故障或事故发生给企业带来重大损失。

（二）适用范围

本制度适用企业所有在用设备和备用设备的检修管理。

二、检修计划编制

（一）年度设备检修计划编制

（1）设备部每年一月份编制工厂《设备年度检修计划》，设备使用部门协助编制《设备年度检修计划》。

（2）《设备年度检修计划》的编制必须基于对工厂设备整体状况进行分析调查的基础上编制。

（3）《设备年度检修计划》须报生产副总经理审核，生产副总经理根据需要组织相关部门讨论关键设备和精密设备的检修计划。

（4）工厂总经理负责签字确认最终的《设备年度检修计划》，无总经理签字确认的《设备年度检修计划》无效。

（二）设备周期检修计划编制

（1）设备部负责根据年度检修计划制订出各设备使用单位的《设备周期检修计划》，并订出检修方案细则，具体包括小修、中修和大修的内容。

（2）《设备周期检修计划》需经设备部经理审核、生产副总经理签字批准后生效。

（三）设备月度检修计划编制

（1）按设备使用部门的要求，设备部负责根据《设备年度检修计划》和《设备周期检修计划》制订《设备月度检修计划》，并订出检修方案细则。

（2）《设备月度检修计划》需经设备经理审核、生产副总经理签字后生效。

设备的技术改造可纳入《年度设备检修计划》一并执行。

主要设备要制定检修规程、检修技术标准并严格执行，以保证检修质量。

三、设备巡回检查

建立设备巡回检查制度，随时掌握设备情况，及时发现并解决问题。根据巡检情况对设备故障的部位、原因、周期进行系统分析，为设备维修、保养提供依据。

设备巡回检查要求：

（1）设备的巡回检查应能形成信息传递、反馈系统的巡检路线，并以主体设备为主，完成各项检查项目的规定内容，并遵循最短路线原则。

（2）巡回检查方法应直观地反映出巡检执行情况，巡回检查必须有记录。

四、设备周期检修管理

（1）设备部和设备使用部门根据《设备周期检修计划》和《设备月度检修计划》，按质、按时完成检修工作。设备使用部门可根据生产实际对设备检修周期、检修内容做一定的修改变更，但应经设备使用部门经理审核，报设备部审批后执行。

（2）各设备使用部门在设备检修时，必须填写《设备检修记录》。

（3）对不能进行周期检修的连续生产型设备，采用状态维修，利用临时停机时间进行维修。如需临时停机检修的，应事先编报临时停机检修计划，由设备使用部门经理审核，报设备部审批后执行。

五、设备检修的实施

（1）正在检修中的设备需挂检修牌。

（2）在日常工作中，使用部门无法排除的故障，可以填写《设备检修单》，提请设备部检修。

（3）检修后的设备使用前，需要有使用部门负责人的签名认可，由设备部将设备检修的情况，记录于《设备检修记录单》上。

（4）设备部应依照相关规定，对压力容器、空气压缩机、起重设备及各类安全阀等（委托有资格的单位）进行检查或调校。

（5）检修要逐步采用状态监测和现代故障诊断等技术，努力采用新技术、新工艺、新材料、新设备。

（6）检修结束后，设备部要进行检修项目统计，组织编写检修总结，并及时将检修技术资料归档。

（7）对于重大的检修项目，设备部要组织技术经济分析工作。

（8）设备检修项目验收评价标准：

1）全部完成规定的检修项目。

2）消除了设备的全部缺陷。

3）检修项目达到质量标准。

4）无人身事故及设备事故。

5）按期完成检修。

6）检修记录、技术报告齐全。

7）检修场地清洁，设备整洁。

思考题

5-1 维修作业计划应包括哪些内容？

5-2 年度修理计划包括哪些内容？

5-3 简述备件管理的工作内容。

5-4 备件的技术管理包括哪些内容？

5-5 设备的无形磨损是什么？

第六章　设备安全与事故管理

一般来说，安全是指在一切生产与生活领域当中不发生人身伤害、物质损失以及生态与环境破坏的状态。然而这种状态实际上不可能存在。那么，安全是什么呢？安全是指客观事物的危险程度能够为人们普遍接受的状态。人们从事的某项活动或某一系统（事物）是否安全，是人们对这一活动的主观评价，当人们权衡利害关系，认为该活动的危险程度可以接受时，则这种活动的状态是安全的。否则就是危险的。

设备安全与事故管理的目的就是要在设备寿命周期的全过程中，采用各种措施消除可能使机械设备遭受损坏、人身健康与安全受到威胁和环境遭到污染的因素或现象，避免事故的发生，实现安全生产，保护员工的人身安全与健康，提高企业经营管理的经济效益。采用的措施包括技术措施，即设计阶段采取安全设计、提高防护标准，使用维修阶段制订安全操作规程、安全改造、改善维修等；组织措施，即安全教育、事故分析处理、安全考核审查等。

第一节　设备安全的基本要求

设备可能发生伤害事故的区域是危险区，必须配备安全防护装置，这是指配置在设备上，起保障人员和设备安全作用的所有装置。另外，还应配置紧急停车开关，即在发生危险时，能迅速终止设备或工作部件运行的控制开关，一般是事故按钮。以下为设备安全的基本要求。

一、机械设备的主要结构安全要求

（一）外形

机械设备的外形结构应尽量平整光滑，避免尖锐的角和棱。

（二）加工区

加工区是指被加工工件放置在机器加工的区域。凡加工区易发生伤害事故的设备，应采取有效的防护措施。防护措施应保证设备在工作状态下防止操作人员的身体任一部分进入危险区，或进入危险区时保证设备不能运转（行）或作紧急制动。

机械设备应单独或同时采用下列防护措施：

（1）完全固定、半固定密封罩。

（2）机械或电气的屏障。

（3）机械或电气的联锁装置。

（4）自动或半自动给料出料装置。

（5）手限制器、手脱开装置。

（6）机械或电气的双手脱开装置。

（7）自动或手动紧急停车装置。

（8）限制导致危险行程、危险给料或危险进给的装置。

（9）防止误动作或误操作装置。

（10）警告或警报装置。

（11）其他防护措施。

（三）运动部件

（1）凡易造成伤害事故的运动部件均应封闭或屏蔽，或采取其他避免操作人员接触的防护措施。

（2）以操作人员所站立平面为基准，凡高度在 2m 以内的各种传动装置必须设防护装置，高度在 2m 以上的物料输送和皮带传动装置应设防护装置。

（3）为避免挤压伤害，直线运动部件之间或直线运动部件与静止部件包括墙、柱之间的距离，保证不该通过的身体部位不能通过，并符合国家、行业相关标准。

（4）机械设备根据需要应设置可靠的限位装置。

（5）机械设备必须对可能因超负荷发生损坏的部件设置超负荷保险装置。

（6）高速旋转的运动部件应进行必要的静平衡或动平衡试验。

（7）有惯性冲撞的运动部件必须采取可靠的缓冲措施，防止因惯性而造成的伤害事故。

（四）工作位置

（1）机械设备的工作位置应安全可靠，并应保证操作人员的头、手、臂、腿、脚有合乎心理和生理要求的足够活动空间。

（2）机械设备的工作面高度应符合人类工效学（人机工程学）的要求。工作面高度是指操作人员所站立的平面与操作人员在操作中手或前臂的平面之间的距离。

1）坐姿工作面高度应在 700 ~ 850mm。

2）立姿或立—坐姿的工作面高度应在 800 ~ 1000mm。

（3）机械设备应优先采用便于调节的工作座椅，以增加操作人员的舒适性并便于操作。

1）座椅平面的高度应能调节到使整个脚能够放在地上或搁脚板上，大小腿的夹角略小于 90°，坐平面应使臂部至大腿全长的 3/4 得到支撑，座椅椅面的前缘不要触及小腿。坐平面的倾角，若经常变换坐的姿势，坐平面应调节为水平。若后倾坐姿时，坐平面宜向后倾斜不超过 6°。

2）靠背的高度应能调节到支撑人的腰凹部，即相当于人体的第 4 ~ 5 节腰椎高度。

3）扶手应能调节到使前臂有尽可能大的搁置面积，而扶手的高度应调节到坐姿上臂自然下垂时的肘下缘部。

4）工作座椅的尺寸、形状及可调性应根据工作位置和工作任务确定。

（4）机械设备的工作位置应保证操作人员的安全，平台和通道必须防滑，必要时设置踏板和栏杆，平台和栏杆必须符合以下要求：

1）通行平台宽度应不小于750mm，竖向净空一般不应小于2000mm；梯间平台宽度应不小于梯段宽度，行进方向的长度不应小于850mm。平台一切敞开的边缘均应设置防护栏杆。平台铺板应采用厚度大于4mm的花纹钢板或经防滑处理的钢板。栏杆和平台应全部采用焊接，其中栏杆在不便焊接时，也可用螺栓连接，但必须保证结构强度。

2）防护栏高度不得低于1050mm，在疏散通道等特殊危险场所的防护栏杆可适当加高，但不应超过1200mm。

（5）机械设备应设有安全电压的局部照明装置。

（五）紧急停车装置

机械设备如存在下列情况，必须配置紧急停车装置：

（1）当发生危险时，不能迅速通过控制开关来停止设备运行，终止危险；

（2）不能通过一个总开关，迅速中断若干个能造成危险的运动单元；

（3）由于切断某个单元可能能出现其他危险；

（4）在控制台不能看到所控制的全部。

需要设置紧急停车装置的机械设备应在每个操作位置和需要的地方都设置紧急停车装置。

（六）噪声

机械设备的噪声应低于85dB(A)。

二、设备常用的安全标志及安全色

机械设备易发生危险的部位应设有安全标志或涂有安全色，提示操作人员注意。常用的安全标志是警告标志和禁止标志。

与机械安全有关的警告标志有：注意安全、当心触电、当心机械伤人、当心扎脚、当心车辆、当心伤手、当心掉物、当心坠落、当心落物、当心弧光、当心电离辐射、当心激光、当心微波、当心滑跌、当心绊倒。其背景是黄色，边框和图像是黑色。

与机械安全有关的禁止标志有：禁止明火作业、禁止用水灭火、禁止合闸、修理时禁止转动、运动时禁止加油、禁止触摸、禁止通行、禁止攀登、禁止入内、禁止靠近、禁止堆放、禁止架梯、禁止抛物、禁止戴手套、禁止穿化纤服装、禁止穿带钉鞋。禁止标志的背景是白色，带斜杠的圆边框是红色，图像是黑色。

设备的安全色有红色、黄色、蓝色、绿色、红色与白色相间隔的条纹、黄色与黑色相间隔的条纹、蓝色与白色相间隔的条纹。对比色有白色和黑色。

（一）红色

红色表示禁止、停止、消防和危险的意思。凡是禁止、停止和有危险的器件、设备或环境，应涂以红色标记。如禁止标志、消防设备、停止按钮和停车、刹车装置的操纵把手、仪表刻度盘上的极限位置刻度、机器转动部件的裸露部分（飞轮、齿轮、皮带轮的轮辐、轮毂）、危险信号旗等。

（二）黄色

黄色表示注意、警告的意思。凡是警告人们注意的器件、设置或环境，应涂以黄色标记，如警告标志、皮带轮及其防护罩的内壁、砂轮机罩的内壁、防护杠杆、警告信号旗等。

（三）蓝色

蓝色表示必须遵守的意思，如命令标志。

（四）绿色

绿色表示通行、安全和提供信息的意思。凡是在可以通行或安全情况下，应涂以绿色标记，如机器的启动按钮、安全信号旗、指示方向的提示标志如太平门、安全通道、紧急出口、安全楼梯、可动火区、避险处。

（五）红色与白色相间隔的条纹

它比单独使用红色更为醒目，表示禁止通行、禁止跨越的意思。主要用于公路、交通等方面所用的防护栏杆及隔离墩。

（六）黄色与黑色相间隔的条纹

它比单独使用黄色更为醒目，表示特别注意的意思。常用于流动式起重机的排障器、外伸支腿、回转平台的后部、起重臂端部、起重吊钩扣配重、动滑轮组侧板、剪板机的压紧装置、冲床的滑动、压铸机的动型机、圆盘送料机的圆盘、管道等。

（七）蓝色与白色相间隔的条纹

它比单独使用蓝色更为醒目，表示指示方向，主要用于交通上的指示导向标。

三、设备控制机构与防护装置的安全要求

（一）设备控制机构的安全要求

（1）机械设备应设有防止意外启动而造成危险的保护装置，如脚踏开关的防护罩。

（2）控制线路应保证线路损坏后也不会发生危险。

（3）自动或半自动系统，必须在功能顺序上保证排除意外造成危险的可能性或设有可靠的保护装置。

（4）当设备的能源偶然切断时，制动、夹紧动作不应中断，能源又重新接通时，设备不得自动启动。

（5）对危险性较大的设备尽可能配置监控装置。

（二）设备的防护装置安全要求

设备的防护装置包括安全防护装置和紧急停车开关。

1. 安全防护装置（安全装置）

（1）安全防护装置应满足下列要求：

1）使操作者触及不到运转中的可动零部件。

2）在操作者接近可动零部件并有可能发生危险的紧急情况下，设备应不能启动或立即自动停机、制动。

3）避免在安全防护装置和可动零部件之间产生接触危险。

4）安全防护装置应便于调节、检查和维修，不得成为新的危险发生源。

（2）安全防护装置应结构简单、分布合理，不得有锐利的边缘和突缘。

（3）安全防护装置应具有足够的可靠性，在规定的寿命期限内有足够的强度、刚度、稳定性、耐腐蚀性、抗疲劳性，以确保安全。

（4）安全防护装置应与设备运转联锁，保证安全防护装置未起作用之前，设备不能运转。

（5）防护罩、防护屏、防护栏杆的材料，及其至运转部件的距离应按《机械安全 防护装置 固定式和活动式防护装置设计与制造一般要求》（GB/T 8196—2003）执行。

（6）光电式、感应式等安全装置应配置自身出现故障的报警装置。

2. 紧急停车开关

（1）紧急停车开关应保证瞬时动作时，能终止设备的一切运动，对有惯性运动的设备，紧急停车开关应与制动器或离合器联锁，以保证迅速终止运动。

（2）紧急停车开关的形状应区别于一般控制开关，颜色为红色。

（3）紧急停车开关的布置应保证操作人员易于触及。

（4）设备由紧急停止开关停止运行后，必须按启动顺序重新启动才能重新运转。

四、检修安全要求

机械设备必须保证按规定运输、搬运、安装、使用、拆卸、检修时，不发生危险和危害。

（一）重心

对于重心偏移的设备和大型部件应标示重心位置或吊装位置，保证设备安装的安全。

（二）日常检修

机械设备的加油和日常检查一般不得进入危险区内，可在设备上预留检修孔。

（三）危险区内的检修

机械设备的检验与维修，若需要在危险区内进行的，必须采取可靠的防护措施，如切断电源等，以防止发生危险。

（四）检修部位开口

机械设备需要进入检修的部位应有适合人体尺寸要求的开口。

（五）检修空间

所有需要进行维修的部位都应有足够的检修空间。

第二节 设备安全管理

设备的安全管理从单台套设备来讲，包括设备选购与安装调试的安全管理、设备使用的安全管理、设备维修保养、报废的安全管理、设备安全档案管理等；从不同类型设备来讲，有机械类设备、电气设备、锅炉压力容器、燃烧爆炸危险设施的安全管理等。

一、设备购置的安全管理

设备购置的时候须对其安全性能进行审查，以下为审查的内容。

（一）设备具有完备的安全技术措施

（1）设备及其零部件，必须有足够的强度、刚度、稳定性和可靠性。

（2）设备在正常生产和使用过程中，均应满足安全要求，不应向工作场所和大气排放超过国家标准规定的有害物质，不应产生超过国家标准规定的噪声、振动、辐射和其他污染。

（3）设备应具有可靠的安全技术措施，这些技术措施包括：

1）直接安全技术措施：设备本身应具有本质安全性能，即保证设备即使在异常情况下，也不会出现任何危险和产生有害作用；

2）间接安全技术措施：若直接安全技术措施不能实现或不能完全实现时，则设备必须具有效果与主体先进性相当的安全防护装置；

3）提示性安全技术措施：若直接和间接安全技术措施不能实现或不能完全实现时，则应具有以说明书或在设备上设置标志等适当方式说明安全使用设备的条件。

（二）设备具有良好的适应性

在规定使用期限内，设备应满足使用环境要求，特别是满足防腐蚀、耐磨损、抗疲劳、抗老化和抵御失效的要求。

（三）设备使用材料具有良好的安全性能

（1）用于制造生产设备的材料，在规定使用期限内必须能承受在规定使用条件下可能出现的各种物理的、化学的和生物的作用。

（2）在正常使用环境下，对人有危害的材料不宜用来制造设备。若必须使用时，则应采取可靠的安全卫生技术措施以保障人员的安全和健康。

（3）设备及其零部件的安全使用期限，应小于其材料在使用条件下的老化或疲劳期限。

（4）易被腐蚀的生产设备及其零部件应选用耐腐蚀材料制造，并应采取防蚀措施。同时，应规定检查和更换周期。

（5）禁止使用能与工作介质发生反应而造成危害（爆炸或生成有害物质等）的材料。

（6）处理可燃气体、易燃和可燃液体的设备，其基础和本体应使用非燃烧材料制造。

（四）设备具有良好的稳定性

设备不应在振动、风载或其他可预见的外载荷作用下倾覆或产生允许范围外的运动。设备若通过形体设计和自身的质量分布不能满足或不能完全满足稳定性要求时，则必须设有安全技术措施，以保证其具有可靠的稳定性。若所要求的稳定性必须在安装或使用地点采取特别措施或确定的使用方法才能达到时，则应在设备上标出，并在使用说明书中有详细说明。对于有抗地震要求的设备，应在设计上采取特殊抗震安全措施，并在说明书中明确指出该设备所能达到的抗地震烈度能力及有关要求。

（五）设备的操纵器、信号和显示器应满足安全要求

设备所设计、选用和配置的操纵器应与人体操作部位的特性（特别是功能特性）以及控制任务相适应。对于可能出现误动作或被误操作的操纵器，应采取必要的保护措施；对于设备关键部位的操纵器，一般应设电气或机械联锁装置。信号和显示器应在安全、清晰、迅速的原则下，根据工艺流程、重要程度和使用频繁程度，配置在人员易看到和易听到的范围内。信号和显示器的性能、形式和数量，应与信息特性相适应。当其数量较多时，应根据其功能和显示的种类分区排列。区与区之间要有明显界限。

二、设备安装调试的安全管理

设备安装调试的安全检查除了参照上述设备购置的各项安全要求外，还应检查下列各项安全要求。

（一）控制系统

控制装置应保证，当动力源发生异常（偶然或人为地切断或变化）时，不会造成危险，即使系统发生故障或损坏时也不致造成危害。必要时，控制装置应能自动切换到备用动力源和备用设备系统。自动或半自动控制系统应设有必要的保护装置，以防止控制指令紊乱。同时，在每台设备上还应辅以能单独操纵的手动控制装置。

对复杂的生产设备和重要的安全系统，应配置自动监控装置，重要生产设备的控制装置应安装在使操作人员能看到整个设备动作的位置上。对于某些在起动设备时看不见全貌的生产设备，应配置开车预警信号装置，预警信号装置应有足够的报警时间。调节装置应采用自动联锁装置，以防止误操作和自动调节、自动操纵线（管）路等的误通断。

控制系统内关键的元器件、控制阀等均应符合可靠性指标要求。控制装置和作为安全技术措施的离合器、制动装置和联锁装置，应具有良好的可靠性并符合其产品标准规定的可靠性指标要求。

生产设备因意外起动可能危及人身安全时，必须配置起强制作用的安全防护装置。必要时，应配置两种以上互为联锁的安全装置，以防止意外起动。当动力源因故偶然切断后又重新自动接通时，控制装置应能避免生产设备产生危险运转。

（二）安全防护装置性能

安全防护装置应使操作者触及不到运转中的可动零部件，其防护距离应符合国家标准机械防护安全距离标准的要求。在操作者接近可动零部件并有可能发生危险的紧急情况下，安全防护装置应能使设备不起动或能立即自动停机、制动。安全防护装置应符合产品标准规定的可靠性指标要求，应便于调节、检查和维修，并不得成为危险源。避免在安全防护装置和可动零部件之间产生接触危险。所有安全显示与报警装置都应灵敏、可靠。电气设备接地和防雷接地必须牢固可靠，接地电阻符合规范标准要求。

（三）噪声和振动

能产生噪声和振动的设备，必须在产品标准中明确规定噪声、振动指标限值，并采取有效防治措施。对固有强噪声、强振动设备，宜设置隔离或遥控装置。设备噪声、振动应符合标准限值规定。

（四）防火与防爆性能

生产、使用、贮存和运输易燃易爆物质和可燃物质的生产设备，应根据其燃点、闪点、爆炸极限等不同性质采取相应预防措施，包括实行密闭，严禁跑、冒、滴、漏；配置监测报警、防爆泄压装置及消防安全设施；避免摩擦撞击，消除接近燃点、闪点的高温因素，消除电火花和静电积聚；设置惰性气体（氮气、二氧化碳、水蒸气等）置换及保护系统，设置水封、阻火器等安全装置等。试运转时，应严格检查设备的防火措施是否达到原设计的防火要求。对于爆炸和火灾危险场所，必须审核所使用的电气设备、仪器、仪表是否符合相应的防爆等级和有关标准。对于因物料爆炸、分解反应造成超温、超压可能引起火灾、爆炸危险的生产设备，应检查其所设置的报警信号系统、自动和手动紧急泄压排放装置是否灵敏可靠。

（五）设备的照明系统

生产设备必须保证操作点和操作区域有足够的照度，但要避免各种频闪效应和眩光现象。对可移动式设备，其灯光应符合有关专业标准。生产设备内部需要经常观察的部位，应备有照明装置或符合安全电压要求的电源插座。

三、设备使用过程的安全管理

（一）设备使用前的准备工作

设备安装调试验收合格后即可正式投入使用，但在正式投入使用前必须做好各项准备工作。

（1）编制设备管理制度文件。设备投入使用前应编制的技术资料有：

1）设备使用管理规程，如保养责任制、操作证制、交接班制、岗位责任制、使用守则等；

2）设备安全操作与维护规程；

3）设备润滑卡片；

4）设备日常检查（点检）和定期检查卡片；

5）其他技术文件。

（2）培训操作工人。通过技术培训使工人熟悉设备性能、结构、技术规范、操作方法，安全、润滑知识，明确各自的岗位技术经济责任。在有经验的师傅指导下实习操作技术，达到独立操作的水平。工人的培训教育一般分为企业、车间、班组三级。

（3）清点随机附件，配备各种检查维修工具，办理交接手续。

（4）全面检查设备的精度、性能及安全装置。

（二）使用初期安全管理内容

（1）对安装试车过程中发现的问题及时联系处理，以保证调试投产进度。

（2）按照规定做好调试、故障、改进等有关记录，提出分析评价意见、填写设备使用鉴定书，供以后利用。

（3）对使用初期收集的信息进行分析处理。使用初期收集的信息包括：设备设计、制造相关的信息；设备安装、调试相关的信息；设备维修相关的信息；设备规划、采购相关的信息。

（4）完善设备安全管理制度。设备正式投入使用前生产准备阶段建立的管理制度，有的不全，有的与实际可能有出入，存在不完善之处，应尽快补充、完善、健全设备管理制度。

（三）设备使用期安全管理一般要求及内容

设备使用要求做到安全、合理使用。一方面要制止设备使用中的超负荷、超性能、超范围使用，造成设备过度磨损、寿命降低、导致事故。另一方面要提高设备使用效率，避免设备因闲置而造成无形磨损。

（1）实行设备使用保养责任制。把设备指定给机组或个人负责使用保养，确定合理的考核指标，把设备的使用效益与个人经济利益结合起来，设备安全性与个人安全责任结合起来。

（2）实行操作证制度，定机专人操作。操作人员必须经过专门训练考核，确认合格，发给操作证，无证操作按严重违章事故处理。

（3）操作人员必须按规程要求搞好设备保养，经常保持设备处于良好技术状态。

（4）遵守磨合期使用规定。新出厂或大修后设备必须根据磨合要求运行保养，才可投入正常使用。

（5）单机或机组核算制。以定额为基础，确定设备生产能力、消耗费用、保养修理费用、安全运行指标等标准，并按标准考核。

（6）创造良好的设备使用环境，确保设备安全使用，充分发挥效益。采光、照明、取暖通风、防尘、防腐、防震、降温、防噪声、卫生条件要求良好，安全防护充分，工具、图纸和加工件都要放在合适位置，直至提供必要的监测、诊断仪器和检修场所。

（7）合理使用设备。在安排生产计划时，必须安排维修时间，必须贯彻“安全第一，预防为主”的方针，在使用与维修发生矛盾时，应坚持“先维修，后使用”的原则，防止拼设备。

（8）培养设备使用、维修、管理队伍。现代化设备需要掌握有现代化科学知识技术的人员来操作、维护与管理，才能更好地发挥设备的作用。

（9）坚持总结、研究、学习、推广设备使用管理的先进科学知识、技术和经验。

（10）建立设备安全资料档案管理制度。设备资料档案管理包括设备使用说明书等原始技术文件、交接登记、运转记录、点检记录、检查整改情况、维修记录、事故分析和技术改造资料等收集、整理、保管。

四、设备操作的安全管理——以机床操作安全为例

（一）机床一般操作安全管理

（1）穿戴合身的工作服，将袖口扣紧。不要穿过于肥大的服装和敞领衬衫。留长发或有辫子时，要戴护发帽。

（2）操作者应佩戴符合《防冲击眼护具》（GB 5890）质量要求的防异物伤害护目镜，最常用的是防护眼镜。

（3）开动机床前，应仔细检查机床上危险部位的安全装置是否安全可靠，润滑系统是否通畅，并作空载试验。

（4）工作时，工作地点要保持整洁、有条不紊。待加工和已加工工件应分别摆放在专门的位置或架子上、箱子内。不得将工件或工具放在机床上，尤其不得放在机床的运动部件上。卡盘扳手用完后应随手取下，最好使用弹顶扳手。不得将材料或工件放在通道上。

（5）工件及刀具要夹紧装牢，防止工件和刀具从夹具中脱落或飞出。装卸笨重工件时，应使用起重设备，并穿防砸安全鞋。

（6）机床运转时，禁止用手调整机床或测量工件。禁止把手肘支撑在机床上。禁止用手触摸机床的旋转部件，禁止在运转中取下或安装安全装置。不得用手清除切屑，应使用钩子、刷子或专用工具清除切屑。

（7）操作中不可使用手套，防止运转部件绞缠手套以至人体。

（8）有机床运转时，操作者不能离开工作地点，发现机床运转不正常时，应立即停机检查。当突然意外停电时，应立即切断机床电源或其他启动机构，并把刀具退出工作部位。

（9）不要使污物或废油混在机床冷却液中，否则不仅会污染冷却液，甚至会传播疾病。为防止引起皮肤病，严禁用乳化液、煤油、机油洗手。

（10）一般不要用压缩空气清理切屑，必须使用时或切屑飞溅严重时，为了不危及机床周围其他操作人员，应在机床周围安装挡板，使操作区隔离。压缩空气的压力应尽可能低。不得用压缩空气去吹衣服或头发上的尘土或脏物，以免损伤耳朵和眼睛。

（11）工作结束后，应关闭机床、切断电源，把夹具和工件从加工位置上退出，清理并安放好所使用的工、夹、量具，清理所有切屑，并按切屑的种类分别放入指定的废料箱内，仔细清擦机床。

（二）车床操作安全管理

除了遵守机床操作安全要求外，应做到：

（1）穿好工作服，长发放在护发帽内，不得戴手套进行操作。

（2）在车床主轴上装卸卡盘，一定要停机后进行，不可利用电动机的力量来取下卡盘。

（3）夹持工件的卡盘、拨盘最好使用防护罩，以免绞住衣服或身体的其他部分，如无防护罩，操作时应注意保持一定的距离。

（4）用顶尖装夹工件时，要注意顶尖中心与主轴中心孔应完全一致，不能使用破损或歪斜的顶尖，使用前应将顶尖、中心孔擦干净，尾座顶尖要顶牢。

（5）车削细长工件时，为保证操作安全和加工质量，应采用中心架或跟刀架，超出车床范围的加工部分，应设置移动式防护罩和安全标志。

（6）车削形状不规则的工件时，应装平衡块，在试验平衡后再切削。

（7）刀具装夹要牢靠，刀头伸出部分不要超出刀体高度的 1.5 倍，刀具下垫片的形状和尺寸应与刀体形状、尺寸相一致，垫片应尽可能少而平。

（8）除车床上装有运转中能自动测量的量具外，均应停机并将刀架移动到安全位置后再测量工件。

（9）切削时产生的带状切屑、螺旋状长切屑，应使用钩子及时消除，严禁用手拉。

（10）为防止崩碎切屑伤人，应在适当的位置安装透明挡板（透明防护罩）。

（11）需要用砂布打磨工件表面时，应把刀具移到安全位置，并注意不要让手和衣服接触工件表面。磨内孔时，不得用手指持砂布，应使用木棍，同时车速不宜太快。

（12）禁止把工具、夹具和工件放在车床床身上和主轴变速箱上。

（13）拨盘、卡盘应设置可动式防护罩，光杠、丝杠可用伸缩防护罩，皮带和挂轮在车床出厂时一般都装有联锁防护罩。

（14）正确地进行刀具装夹。车刀装夹方法不正确会造成车刀断裂、崩碎。碎裂飞出的刀具碎片会伤害操作者。因此，车刀在刀架上伸出的长度不应过大，伸出长度过大，由于切削力作用会产生振动，使刀刃崩飞而伤人。外圆车刀的安装高度如过高，有可能引起“扎刀”崩刃，特别是使用韧性差的硬质合金车刀时更易引起崩刃。

（15）正确地进行工件装夹。选择正确的装夹工件方法是保证操作安全的重要工作。装夹工件时，应根据工件的长径比（工件长度与其直径之比）确定合适的装夹方法。常用的装夹工具有卡盘、拨杆、鸡心夹、中心架或跟刀架、顶尖等。如果装夹不正确，工件会因弯曲而变形，在高速旋转时会使工件甩弯而击伤操作者。

五、设备的安全检查

设备的安全检查是设备管理人员经常性工作内容之一。设备的安全检查就是对设备故障及安全运行状况进行查证与诊断的过程。

设备安全检查的一般方法如下所述。

（一）安全检查表法

根据被检查对象的特征，进行系统的分析研究，找出设备可能出现故障的因素以及保证设备安全运行的条件，将这些因素与条件列成表格，在检查过程中，对照表格逐项进行查证，以防遗漏。锅炉设备运行状况检查表见表6-1。

表6-1　锅炉设备检查表

序号	检查内容	结果	备注
1	锅炉运行正常、无重大事故		
2	锅炉的受压元件无危害安全的严重缺陷		
3	压力表符合规程要求，灵敏可靠，有定期校验记录		
4	安全阀无锈死，无漏气		
5	水位表符合规程要求，无泄漏，指示清晰准确，有冲洗记录		
6	水位报警器符合规程要求，动作可靠，有定期校验记录		
7	极限低水位联锁保护装置灵敏可靠，有定期校验记录		
8	超压联锁保护装置灵敏可靠，有定期校验记录		
9	熄火保护装置灵敏可靠，有定期校验记录（燃用煤粉、油、气锅炉）		
10	水泵运行正常		
11	鼓风机、引风机运行正常		
12	排污阀、给水截止阀及其他管道、阀门无跑、冒、滴、漏现象		

（二）流程诊断检查法

与安全检查表法不同，程序诊断法提供对每一个检查项目的具体查证方法、程序、步骤，它比检查表法更严密，可操作性更强。在检查设备出现异常状况、分析异常原因时，程序诊断法是一种非常有效的方法。

（三）仪器诊断检查法

当机械设备出现异常时，其内部状态也发生变化，并向外辐射出异常的物理参数，如振动频率、声能、红外线等。通过诊断这些参数就可推断设备的运行状况，寻找设备产生异常或故障的原因，发现设备的缺陷部位，以便及时排除故障，及时修复，保证安全生产。

（四）设备点检法

设备点检是从日本TPM制中学习来的，它与传统的设备检查概念是一致的，但它比传统设备检查更制度化、规范化、标准化，管理更严格有效。点检中的“点”是指设备的关键部位，通过检查这些点，就能及时、准确地获取设备技术和安全状况信息。设备点检法的具体操作参见前面设备状态管理的内容。

第三节　特种设备管理

什么是特种设备？《中华人民共和国特种设备安全法》里面是这样规定的：“是指对人身和财产安全有较大危险性的锅炉、压力容器（含气瓶）、压力管道、电梯、起重机械、客运索道、大型游乐设施、场（厂）内专用机动车辆，以及法律、行政法规规定适用本法的其他特种设备。”

国家对特种设备的生产、经营、使用，实施分类的、全过程的安全监督管理。

本节内容包括特种设备的管理通用规定和几种工厂常用特种设备使用管理的特殊要求。

一、特种设备的管理通用规定

（一）特种设备的制造、安装、维修、改造

（1）特种设备生产单位，应当执行《特种设备安全监察条例》规定，按照国务院特种设备安全监督管理部门制订并公布的安全技术规范（以下简称安全技术规范）的要求，进行生产活动。

（2）压力容器的设计单位应当经国务院特种设备安全监督管理部门许可，方可从事压力容器的设计活动。

（3）锅炉、压力容器中的气瓶（以下简称气瓶）、氧舱和客运索道、大型游乐设施以及高耗能特种设备的设计文件，应当经国务院特种设备安全监督管理部门核准的检验检测机构鉴定，方可用于制造。

（4）锅炉、压力容器、电梯、起重机械、客运索道、大型游乐设施及其安全附件、安全保护装置的制造、安装、改造单位，以及压力管道用管子、管件、阀门、法兰、补偿器、安全保护装置等（以下简称压力管道元件）的制造单位和场（厂）内专用机动车辆的制造、改造单位，应当经国务院特种设备安全监督管理部门许可，方可从事相应的活动。

（5）特种设备出厂时，应当附有安全技术规范要求的设计文件、产品质量合格证明、安装及使用维修说明、监督检验证明等文件。

（6）锅炉、压力容器、电梯、起重机械、客运索道、大型游乐设施、场（厂）内专用机动车辆的维修单位，应当有与特种设备维修相适应的专业技术人员和技术工人以及必要的检测手段，并经省、自治区、直辖市特种设备安全监督管理部门许可，方可从事相应的维修活动。

（7）锅炉、压力容器、起重机械、客运索道、大型游乐设施的安装、改造、维修以及场（厂）内专用机动车辆的改造、维修，必须由依照本条例取得许可的单位进行。特种设备安装、改造、维修的施工单位应当在施工前将拟进行的特种设备安装、改造、维修情况书面告知直辖市或者设区的市的特种设备安全监督管理部门，告知后即可施工。

（8）锅炉、压力容器、电梯、起重机械、客运索道、大型游乐设施的安装、改造、维修以及场（厂）内专用机动车辆的改造、维修竣工后，安装、改造、维修的施工单位应当在验收后30日内将有关技术资料移交使用单位，高耗能特种设备还应当按照安全技术规范的要求提交能效测试报告。使用单位应当将其存入该特种设备的安全技术档案。

（9）锅炉、压力容器、压力管道元件、起重机械、大型游乐设施的制造过程和锅炉、压力容器、电梯、起重机械、客运索道、大型游乐设施的安装、改造、重大维修过程，必须经国务院特种设备安全监督管理部门核准的检验检测机构按照安全技术规范的要求进行

监督检验；未经监督检验合格的不得出厂或者交付使用。

（二）特种设备的使用

（1）特种设备使用单位应当使用符合安全技术规范要求的特种设备。特种设备投入使用前，使用单位应当核对其是否附有安全技术规范要求的设计文件、产品质量合格证明、安装及使用维修说明、监督检验证明等文件。

（2）特种设备在投入使用前或者投入使用后30日内，特种设备使用单位应当向直辖市或者设区的市的特种设备安全监督管理部门登记。登记标志应当置于或者附着于该特种设备的显著位置。

（3）特种设备使用单位应当建立特种设备安全技术档案。安全技术档案应当包括以下内容：

1）使用登记证；

2）特种设备使用登记表；

3）特种设备的设计、制造技术资料和文件，包括设计文件、产品质量合格证明、安装及使用维护保养说明、监督检验证书、试验合格证明等；

4）特种设备的安装、改造和修理的方案、图样、材料质量证明书和施工质量证明文件、安装改造维修监督检验报告、验收报告等技术资料；

5）特种设备的定期检验、定期自行检查记录和定期检验报告；

6）特种设备的日常使用状况记录；

7）特种设备及其附属仪器仪表的维护保养记录；

8）特种设备安全附件校验（检定、校准）、修理和更换记录；

9）特种设备事故应急专项预案和应急演练记录；

10）特种设备的运行故障和事故记录及处理报告。

（4）特种设备使用单位应当对在用特种设备进行经常性日常维护保养，并定期自行检查。

特种设备使用单位在用特种设备时应当至少每月进行一次自行检查，并作出记录。特种设备使用单位在用特种设备进行自行检查和日常维护保养时发现异常情况的，应当及时处理。

特种设备使用单位应当对在用特种设备的安全附件、安全保护装置、测量调控装置及有关附属仪器仪表进行定期校验、检修，并作出记录。

（5）特种设备使用单位应当按照安全技术规范的定期检验要求，在安全检验合格有效期届满前一个月向特种设备检验检测机构提出定期检验要求。

检验检测机构接到定期检验要求后，应当按照安全技术规范的要求及时进行安全性能检验和能效测试。未经定期检验或者检验不合格的特种设备，不得继续使用。

（6）特种设备存在严重事故隐患，无改造、维修价值，或者超过安全技术规范规定使用年限，特种设备使用单位应当及时予以报废，并应当向原登记的特种设备安全监督管理部门办理注销。

（7）特种设备作业人员应当按照国家有关规定，经特种设备安全监督管理部门考核合格，取得国家统一格式的特种作业人员证书，方可从事相应的作业或者管理工作。

（三）相关法律法规

（1）《中华人民共和国特种设备安全法》。
（2）《特种设备安全监察条例》。

二、锅炉使用管理的特殊要求

（一）锅炉的概念

锅炉，是指利用各种燃料、电或者其他能源，将所盛装的液体加热到一定的参数，并对外输出热能的设备，其范围规定为容积大于或者等于30L的承压蒸汽锅炉；出口水压大于或者等于0.1MPa（表压），且额定功率大于或者等于0.1MW的承压热水锅炉；有机热载体锅炉。

（二）锅炉定期检验

1. 基本要求

（1）锅炉的定期检验工作包括锅炉在运行状态下进行的外部检验、锅炉在停炉状态下进行的内部检验和水（耐）压试验；

（2）锅炉的使用单位应当安排锅炉的定期检验工作，并且在锅炉下次检验日期前一个月向检验检测机构提出定期检验申请，检验检测机构应当制订检验计划。

2. 定期检验周期

锅炉的定期检验周期规定如下：

（1）外部检验，每年进行一次。

（2）内部检验，锅炉一般每两年进行一次，成套装置中的锅炉结合成套装置的大修周期进行，电站锅炉结合锅炉检修同期进行，一般每3～6年进行一次；首次内部检验在锅炉投入运行后一年进行，成套装置中的锅炉和电站锅炉可以结合第一次检修进行。

（3）水（耐）压试验，检验人员或者使用单位对设备安全状况有怀疑时，应当进行水（耐）压试验；因结构原因无法进行内部检验时，应当每三年进行一次水（耐）压试验。

3. 定期检验特殊情况

除正常的定期检验以外，锅炉有下列情况之一时，也应当进行内部检验：

（1）移装锅炉投运前；

（2）锅炉停止运行一年以上需要恢复运行前。

（三）主要附件定期检验要求

安全阀、压力表、水位计、温度仪表等主要附件每年至少校验一次。

（四）相关法律法规

《锅炉安全技术监察规程》（TSG G0001—2012）。

三、压力容器使用管理的特殊要求

（一）压力容器的概念

压力容器，是指盛装气体或者液体，承载一定压力的密闭设备，其范围规定为最高工作压力大于或者等于0.1MPa（表压），且压力与容积的乘积大于或者等于2.5MPa·L的气体、液化气体和最高工作温度高于或者等于标准沸点的液体的固定式容器和移动式容器；盛装公称工作压力大于或者等于0.2MPa（表压），且压力与容积的乘积大于或者等于1.0MPa·L的气体、液化气体和标准沸点等于或者低于60℃液体的气瓶；氧舱等。

（二）压力容器类别及压力等级、品种的划分

1. 压力容器类别划分

根据介质特性及设计压力 p（单位 MPa）和容积 V（单位 L），把压力容器类别分为Ⅰ、Ⅱ、Ⅲ类。

2. 压力容器压力等级划分

压力容器的设计压力（p）划分为低压、中压、高压和超高压4个压力等级：

（1）低压（代号L），$0.1\text{MPa} \leq p < 1.6\text{MPa}$；

（2）中压（代号M），$1.6\text{MPa} \leq p < 10.0\text{MPa}$；

（3）高压（代号H），$10.0\text{MPa} \leq p < 100.0\text{MPa}$；

（4）超高压（代号U），$p \geq 100.0\text{MPa}$。

3. 压力容器品种划分

压力容器按照在生产工艺过程中的作用原理，划分为反应压力容器、换热压力容器、分离压力容器、储存压力容器。

（三）压力容器安全状况等级

安全状况等级由检验机构根据压力容器检验结果综合评定。

综合评定安全状况等级为1级至3级的，检验结论为符合要求，可以继续使用；安全状况等级为4级的，检验结论为基本符合要求，有条件的监控使用；安全状况等级为5级的，检验结论为不符合要求，不得继续使用。

检验工作结束后，检验机构一般应当在30个工作日内出具报告，交付使用单位存入压力容器技术档案。

（四）压力容器及安全附件定期检验要求

（1）压力容器定期检验项目，以宏观检验、壁厚测定、表面缺陷检测、安全附件检验为主，必要时增加埋藏缺陷检测、材料分析、密封紧固件检验、强度校核、耐压试验、泄漏试验等项目

（2）压力容器一般于投用后3年内进行首次定期检验。以后的检验周期由检验机构根据压力容器的安全状况等级，按照以下要求确定：

1）安全状况等级为1、2级的，一般每6年检验一次；

2）安全状况等级为3级的，一般每3年至6年检验一次；

3）安全状况等级为4级的，监控使用，其检验周期由检验机构确定，累计监控使用时间不得超过3年，在监控使用期间，使用单位应当采取有效的监控措施；

4）安全状况等级为5级的，应当对缺陷进行处理，否则不得继续使用。

定期检验过程中，使用单位或者检验机构对压力容器的安全状况有怀疑时，应当进行耐压试验。对于介质毒性程度为极度、高度危害，或者设计上不允许有微量泄露的压力容器，应当进行泄漏试验。

（3）有下列情况之一的压力容器，定期检验周期可以适当缩短：

1）介质对压力容器材料的腐蚀情况不明或者腐蚀情况异常的；

2）具有环境开裂倾向或者产生机械损伤现象，并且已经发现开裂的；

3）改变使用介质并且可能造成腐蚀现象恶化的；

4）材质劣化现象比较明显的；

5）使用单位没有按照规定进行年度检查的；

6）检验中对其他影响安全的因素有怀疑的。

（4）安全附件的检验。安全阀、压力表至少每年由检验机构检验一次。安全附件包括：安全阀、爆破片装置、压力表、液位计、测温仪表、紧急切断装置。安全附件检验不合格的压力容器不允许投入使用。

（5）各类气瓶的检验周期，不得超过如下规定：

1）盛装氮、六氟化硫、惰性气体及纯度大于等于99.999%的无腐蚀性高纯气体的气瓶，每5年检验1次。

2）盛装对瓶体材料能产生腐蚀作用的气体的气瓶、潜水气瓶以及常与海水接触的气瓶，每2年检验1次。

3）盛装其他气体的气瓶，每3年检验1次。盛装混合气体的前款气瓶，其检验周期应当按照混合气体中检验周期最短的气体确定。

4）溶解乙炔气瓶、呼吸器用复合气瓶每3年检验1次。

5）车用液化石油气钢瓶、车用液化二甲醚钢瓶每5年检验1次。

6）液化石油气钢瓶、液化二甲醚钢瓶每4年检验1次。

（五）相关法律法规

《压力容器定期检验规则》（TSG R7001—2013）。

《压力容器监督检验规则》（TSG R7004—2013）。

《气瓶安全技术监察规程》（TSG R0006—2014）。

四、起重机械使用管理的特殊要求

（一）起重机械的概念

起重机械是指用于垂直升降或者垂直升降并水平移动重物的机电设备，其范围规定为额定起重量大于或者等于0.5t的升降机；额定起重量大于或者等于1t，且提升高度大于或者等于2m的起重机和承重形式固定的电动葫芦等。

（二）起重机械定期检验周期

在用起重机械定期检验周期如下：

（1）塔式起重机、升降机、流动式起重机每年 1 次；

（2）轻小型起重设备、桥式起重机、门式起重机、门座起重机、缆索起重机、桅杆起重机、铁路起重机、旋臂起重机、机械式停车设备每两年 1 次，其中吊运熔融金属和炽热金属的起重机每年 1 次。

（三）相关法律法规

《起重机械安全技术监察规程》（TSG Q0002—2008）。

《起重机械使用管理规则》（TSG Q5001—2009）。

《起重机械定期检验规则》（TSG Q7015—2008）。

五、压力管道使用管理的特殊要求

（一）压力管道的概念

压力管道是指利用一定的压力，用于输送气体或者液体的管状设备，其范围规定为最高工作压力大于或者等于 0.1MPa（表压）的气体、液化气体、蒸汽介质或者可燃、易爆、有毒、有腐蚀性、最高工作温度高于或者等于标准沸点的液体介质，且公称直径大于 25mm 的管道。

（二）工业管道级别划分

1. GC1 级

符合下列条件之一的工业管道，为 GC1 级：

（1）输送毒性程度为极度危害介质，高度危害气体介质和工作温度高于其标准沸点的高度危害的液体介质的管道；

（2）输送火灾危险性为甲、乙类可燃气体或者甲类可燃液体（包括液化烃）的管道，并且设计压力大于或者等于 4.0MPa 的管道；

（3）输送除前两项介质的流体介质并且设计压力大于或者等于 10.0MPa，或者设计压力大于或者等于 4.0MPa，并且设计温度高于或者等于 400℃ 的管道。

2. GC2 级

除本 GC3 级管道外，介质毒性程度、火灾危险性（可燃性）、设计压力和设计温度低于 GC1 级的管道。

3. GC3 级

输送无毒、非可燃流体介质，设计压力小于或者等于 1.0MPa，并且设计温度高于 -20℃ 但是不高于 185℃ 的管道。

（三）工业管道的定期检验

管道定期检验分为在线检验和全面检验。在线检验是在运行条件下用管道进行的检验，在线检验每年至少1次（也可称为年度检验）；全面检验是按一定的检验周期在管道停车期间进行的较为全面的检验。

GC1、GC2级压力管道的全面检验周期按照以下原则之一确定：

（1）检验周期一般不超过6年。

（2）按照基于风险检验（RBI）的结果确定的检验周期，一般不超过9年。GC3级管道的全面检验周期一般不超过9年。

属于下列情况之一的管道，应当适当缩短检验周期：

（1）新投用的GC1、GC2级的（首次检验周期一般不超过3年）。

（2）发现应力腐蚀或者严重局部腐蚀的。

（3）承受交变载荷，可能导致疲劳失效的。

（4）材质产生劣化的。

（5）在线检验中发现存在严重问题的。

（6）检验人员和使用单位认为需要缩短检验周期的。

（四）相关法律法规

《压力管道安全技术监察规程—工业管道》（TSG D0001—2009）。

第四节 设备事故管理

企业的生产设备因非正常损坏造成停产或效能降低，停机时间和经济损失超过规定限额者为设备事故。发生设备事故必然会给企业的生产经营带来不同程度的损失，危及职工的生命安全，为此，企业及设备主管应重视设备事故的管理。

一、设备事故等级

（一）特种设备事故等级

特种设备事故等级依据《特种设备安全监察条例》规定。

有下列情形之一的，为特别重大事故：

（1）特种设备事故造成30人以上死亡，或者100人以上重伤（包括急性工业中毒，下同），或者1亿元以上直接经济损失的。

（2）600兆瓦以上锅炉爆炸的。

（3）压力容器、压力管道有毒介质泄漏，造成15万人以上转移的。

（4）客运索道、大型游乐设施高空滞留100人以上并且时间在48小时以上的。

有下列情形之一的，为重大事故：

（1）特种设备事故造成10人以上30人以下死亡，或者50人以上100人以下重伤，或者5000万元以上1亿元以下直接经济损失的。

（2）600兆瓦以上锅炉因安全故障中断运行240小时以上的。

（3）压力容器、压力管道有毒介质泄漏，造成5万人以上15万人以下转移的。

（4）客运索道、大型游乐设施高空滞留100人以上并且时间在24小时以上48小时以下的。

有下列情形之一的，为较大事故：

（1）特种设备事故造成3人以上10人以下死亡，或者10人以上50人以下重伤，或者1000万元以上5000万元以下直接经济损失的。

（2）锅炉、压力容器、压力管道爆炸的。

（3）压力容器、压力管道有毒介质泄漏，造成1万人以上5万人以下转移的。

（4）起重机械整体倾覆的。

（5）客运索道、大型游乐设施高空滞留人员12小时以上的。

有下列情形之一的，为一般事故：

（1）特种设备事故造成3人以下死亡，或者10人以下重伤，或者1万元以上1000万元以下直接经济损失的。

（2）压力容器、压力管道有毒介质泄漏，造成500人以上1万人以下转移的。

（3）电梯轿厢滞留人员2小时以上的。

（4）起重机械主要受力结构件折断或者起升机构坠落的。

（5）客运索道高空滞留人员3.5小时以上12小时以下的。

（6）大型游乐设施高空滞留人员1小时以上12小时以下的。

（二）各企业或各行业设备事故等级管理

各企业或各行业可以根据其生产及设备实际情况，依据《中华人民共和国安全生产法》及国务院《生产安全事故报告和调查处理条例》制订设备事故等级标准。以下是某企业的设备事故等级标准。

一般事故：

（1）设备修复费用5000～10000元。

（2）影响正常生产2小时。

（3）造成停电0.5小时。

重大事故：

（1）设备修复费用10000元以上。

（2）造成设备停产8小时。

（3）电力供应中断1小时。

（4）造成供气中断8小时。

特大事故：

（1）造成供气中断24小时。

（2）设备修复费用50万元以上。

（3）压力容器、燃气贮罐发生火灾或爆炸。

二、设备事故的性质

设备事故按其发生的性质可以分为以下3类。

（1）责任事故。凡属于人为原因，如违反操作维护规程、擅离工作岗位、超负荷运转、加工工艺不合理以及维护修理不良等，致使设备损坏停产或效能降低、或人员伤亡，称为责任事故。

（2）质量事故。凡因设备原设计、制造、安装等原因，致使设备损坏停产或效能降低、或人员伤亡，称为质量事故。

（3）自然事故。凡因遭受自然灾害，致使设备损坏停产或效能降低、或人员伤亡，称为自然事故。

三、设备事故的调查分析及处理

（一）设备事故发生后的工作

立即切断电源，保持现场，逐级上报，及时进行调查、分析和处理。

一般事故发生后，由发生事故单位的负责人，立即组织技术人员、班组长、操作人员在企业设备部有关人员参加下进行调查、分析。

重大事故发生后，应由企业主管负责人组织企业有关部门和发生事故单位的负责人，共同调查分析，找出事故原因，制定措施，组织力量，进行抢修。尽快恢复生产，尽量降低由设备事故造成的停产损失及人员伤亡。同时，企业负责人应按照《特种设备安全监察条例》、《生产安全事故报告和调查处理条例》的规定上报政府主管部门。

（二）事故调查分析

调查是分析事故原因和妥善处理事故的基础，这项工作必须注意以下几点：

（1）事故发生后，任何人不得改变现场状况。保持原状是查找分析事故原因的主要线索。

（2）迅速进行调查。包括仔细查看现场、事故部位、周围环境，向有关人员及现场目睹者询问事故发生前后的情况和过程，必要时可照相。调查工作开展愈早愈仔细，对分析原因和处理愈有利。

（3）分析事故切忌主观，要根据事故现场实际调查、理化实验数据、定量计算与定性分析判断事故原因。

（三）设备事故的处理

事故处理要遵循“三不放过”的原则，即：

（1）事故原因分析不清，不放过；

（2）事故责任者与群众未受到教育，不放过；

（3）没有防范措施，不放过。企业生产中发生事故总是一件坏事，必须认真查出原因，妥善处理，使责任者及群众受到教育，制定有效措施防止类似事故重演。

（四）设备事故损失的计算

（1）停产时间及损失费用的计算。

停产时间：是指从发生事故停工开始，到设备修复后投入使用为止的时间。

停产损失费用：

$$停产损失(元) = 停机小时 \times 每小时生产成本费用$$

（2）修理时间和费用的计算。

修理时间：是指从开始修理发生事故的设备，到全部修好交付使用为止的时间。

修理费用：

修理费(元)＝材料费(元)＋工时费(元)

（3）事故损失费。

事故损失费(元)＝停产损失费(元)＋修理费(元)

（五）设备事故的报告及原始资料

1. 设备事故报告

发生设备事故单位应在三日内认真填写事故报告单，报送设备管理部门。一般事故报告单应由企业设备管理部门签署处理意见。重大和特大事故报告单应由企业主管领导批示，上报政府主管部门，听候处理。

设备事故处理和修复后，应按规定填写修理记录，计算事故损失费用，报送设备管理部门，设备管理部门每季度应统计上报设备事故及处理情况。

2. 设备事故原始记录及存档

设备事故报告单应记录的内容：

（1）设备名称、型号、编号、规格等。

（2）发生事故的时间，详细经过，事故性质，责任者。

（3）设备损坏情况，重大、特大事故应有照片，以及损坏部位、原因分析。

（4）发生事故前、后设备主要精度和性能的测试记录、修理情况。

（5）事故处理结果及今后防范措施。

（6）重大、特大事故应有事故损失的计算。

设备事故的所有原始记录和有关资料，均应存入设备档案。

思考题

6-1 简述设备控制机构的安全要求。

6-2 设备应具有哪些安全技术措施？

6-3 简述设备使用期安全管理一般要求及内容。

6-4 工人的安全培训教育一般分哪三级？

6-5 什么是特种设备？

6-6 设备事故按其发生的性质可以分为哪三类？

6-7 设备事故处理要遵循什么原则？

参 考 文 献

[1] 李葆文，等．规范化的设备前期管理［M］．北京：机械工业出版社，2005.
[2] 郑国伟，等．设备管理与维修工作手册［M］．长沙：湖南科学技术出版社，1989.
[3] 李葆文，等．简明现代设备管理手册［M］．北京：机械工业出版社，2004.
[4] 赵艳萍，等．设备管理与维修［M］．北京：化学工业出版社，2009.
[5] 王汝杰，等．现代设备管理［M］．北京：冶金工业出版社，2007.